南疆特色经济作物生产技术丛书

南疆番茄
高效生产技术手册

全国农业技术推广服务中心 编

中国农业出版社
北 京

图书在版编目（CIP）数据

南疆番茄高效生产技术手册／全国农业技术推广服务中心编．—北京：中国农业出版社，2019.10
（南疆特色经济作物生产技术丛书）
ISBN 978-7-109-26262-1

Ⅰ．①南…　Ⅱ．①全…　Ⅲ．①番茄－蔬菜园艺－南疆－技术手册　Ⅳ．①S641.2-62

中国版本图书馆 CIP 数据核字（2019）第 270196 号

中国农业出版社出版
地址：北京市朝阳区麦子店街 18 号楼
邮编：100125
责任编辑：孟令洋　郭晨茜
版式设计：韩小丽　责任校对：吴丽婷
印刷：中农印务有限公司
版次：2019 年 10 月第 1 版
印次：2019 年 10 月北京第 1 次印刷
发行：新华书店北京发行所
开本：880mm×1230mm　1/32
印张：4.25
字数：150 千字
定价：20.00 元

编　写　人　员

主　　编：王娟娟　李　莉
副 主 编：尚怀国　余庆辉
编写人员（按姓氏笔画排序）：
　　　　　　王久兴　王娟娟　司亚军　杜永臣
　　　　　　李　莉　李世东　余庆辉　张　新
　　　　　　张友军　张素娥　陈　清　尚怀国
　　　　　　周明国　项朝阳　须　辉　曹　华
　　　　　　章红霞　傅晓耕

编者的话

　　南疆阿克苏、喀什、和田地区及克孜勒苏柯尔克孜自治州等四地州是全国"三区三州"深度贫困地区之一，是少数民族聚集区，也是棉花、果树、蔬菜等特色经济作物优势产区，这一地区的脱贫致富和乡村振兴关系到打赢脱贫攻坚战、全面建成小康社会，关系到边疆少数民族稳定和长治久安。

　　2017年，中共中央办公厅、国务院办公厅印发了《关于支持深度贫困地区脱贫攻坚的实施意见》，对深度贫困地区脱贫攻坚工作作出全面部署。农业农村部也先后制定了《支持深度贫困地区农业产业扶贫精准脱贫方案》和《"三区三州"等深度贫困地区特色农业扶贫行动工作方案》。为进一步贯彻落实意见要求和方案部署，加快实施对口帮扶南疆深度贫困定点县、村行动，有效指导当地特色产业发展、技术培训和主体培育，我们组织有关专家结合南疆特色经济作物生产实际和作物栽培特点编写了"南疆特色经济作物生产技术丛书"，以期为当地农业生产者提供技术指导与科技支撑。

　　由于资料繁杂，时间紧迫，且关于南疆地区的技术研究储备有限，书中不足和不妥之处在所难免，欢迎广大读者批评指正。

2019年7月

目 录

CONTENTS

编者的话

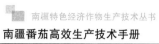

第一讲 生物学特性

(一)生长发育周期

番茄从播种发芽到果实成熟采收结束,其生长发育过程有一定的阶段性和周期性,可分为 4 个时期,即发芽期、幼苗期、开花期和结果期。

1. 发芽期 番茄从种子发芽到第一真叶出现为发芽期,在适宜条件下需 7～9 天。番茄种子发芽及出苗取决于水分、温度、通气条件及覆土的厚度。番茄种子发芽的适宜温度是 28～30℃,最低温度为 12℃,超过 35℃对发芽不利。种子吸水第一阶段为急剧吸水,约经 2 小时,可吸收种子干重 60%～65% 的水分;第二阶段是缓慢吸水阶段,约经 5 小时,只能吸收种子干重 25% 左右的水分。种子经过这两个阶段吸水后,其吸水达到种子干重的 90% 左右,此时环境条件适宜即可正常发芽。

2. 幼苗期 番茄从第一片真叶出现到现大蕾为幼苗期。幼苗期经历两个时期,幼苗前期为单纯的营养生长,后期虽以营养生长为主,但开始了生殖生长阶段,即花芽分化前的基本营养生长阶段和花芽分化及发育阶段。

3. 开花期 番茄从现蕾到第一个果实形成,为开花期。开花期是番茄从营养生长为主过渡到生殖生长与营养生长同时进行的转折期。这一时期虽然短暂,但对产品器官形成与产量(特别是早期产量)影响极大。

4. 结果期 番茄从第一花序结果到果实采收结束,为结果期。这一时期的长短,因品种和栽培方式不同而差别很大。春番茄和秋番茄一般 70～80 天，冬春茬番茄 80～100 天。

（二）对环境条件的要求

番茄是喜温、喜光、怕霜、怕热、耐肥、半耐旱作物。影响番茄生长发育的因素包括温度、光照、水分、土壤及养分、气体等。

1. 温度　番茄对温度的适应范围为 15～33℃，一般在 20～25℃下生长发育良好，低于 10℃停止生长，长时间处于 5℃下出现冷害，－2～－1℃霜冻即可冻死；高于 35℃生长不良，45℃以上则因其生理干旱而死亡。番茄对温度条件的反应因生长阶段和发育不同而有差异。

2. 光照　番茄是喜光作物，光照不足或连续阴雨天气常引起落花落果。华南、西南等地区光照充足，长江流域大部分地区除露地栽培外，各生育时期都有光照不足的问题，因此，在上述保护地栽培中的光照管理上，应考虑如何使植株更多地接受光照。合理密植及时整枝打杈、搭架绑蔓、摘心，确定合理的田间植株栽培方式及温室、大棚的方向等，均为充分利用光能的有效措施。

3. 水分　番茄植株根系发达，是深根作物，吸水力强，具有半耐旱特点，既怕旱又怕涝，土壤排水要好，地下水位要低，水分必须均匀供给，要求土壤湿度以 60%～80%为宜。

第二讲　新优品种

1. 百分百　北京中研益农种苗科技有限公司选育。无限生长型，杂交种，植株长势协调，早熟性好，单果重 260 克左右，密度 2 300～2 500 棵/亩，亩*产 1 000 千克左右。苹果形，果脐小，易坐果；果面光滑，颜色亮丽，精品率极高；萼片美观，硬度极高，适合长途运输；耐低温能力强，适合日光温室越冬、秋延、早春栽培。为综合抗逆性强的抗 TY 硬粉，抗病毒高端精品番茄。

---

* 亩为非法定计量单位，15 亩＝1 公顷。

2. 华星粉太郎 西安市临潼区丰农蔬菜种苗研究所选育。无限生长类型，生长势中等，早熟，产量高。果实高圆，无绿肩，光泽度好，果脐小，风味好，大小均匀，单果重 300～350 克。硬度好，耐贮耐运，货架寿命长。高抗南方根结线虫病、番茄花叶病毒病、叶霉病和枯萎病，中抗黄瓜花叶病

毒病，晚疫病发病率低，没有发现筋腐病。适宜根结线虫病发生严重地区栽培。

3. 豪粉 1 号 四川迈德豪农业科技有限公司选育。无限生长大型粉果番茄品种。早中熟，植株长势强，坐果性好，果实高圆，单果重 280～300 克，亩产 950 千克左右。果面光滑，无青肩，果肉厚，硬度好，耐贮运，货架寿命长。抗性强，产量高，适宜越冬及春秋保护地栽培。

4. 波菲尔 2 号　新疆天地禾种业有限公司选育。无限生长类型，粉红果，植株长势旺盛，茎秆粗壮，株间坐果整齐。果实高圆形，膨果迅速，色泽靓丽，均匀美观，硬度好，单果重 250～300 克，丰产性高，商品果佳。该品种抗 TY，抗叶霉病，对线虫病有一定抗性，适宜早春及秋延后栽培。

5. 粉贝利 6 号　北京金种惠农农业科技发展有限公司选育。杂交一代种，抗 TY。果实圆球形，果面光滑，果肉厚硬，耐裂耐贮运，单果 220～280 克，亩产量高，硬度大，抗性强，成熟果深粉红色，亮度好，适合北方春秋保护地和南方露地栽培。

6. 芬娜 新疆天地禾种业有限公司选育。无限生长类型，粉红果，易坐果，长势旺盛不易早衰。果形圆整美观，一致性好，整齐度高，硬度强，耐储运，单果重 270 克左右，大果可超 350 克。每亩密度 2 200～2 600 株，亩产量高。抗 TY、枯萎病、黄萎病、番茄花叶病毒病等，耐低温能力强，适合日光温室越冬、秋延、早春栽培。

7. 亚洲粉霸 西安市临潼区广兴蔬菜研究所选育。高秧，粉红色大果，单果重 350～450 克。早熟，长势强，坐果多，高圆形，无青肩，果面光滑，果皮厚，抗裂果。叶量中等，单株结果 20 多个，商品率高，亩产 1 000 千克以上。抗早疫病、晚疫病、耐灰霉病、叶霉病，适合春提早、秋延后大棚栽培，耐热性好。

8. 普拉达 西安天星蔬菜研究所选育。无限生长类型。植株长势旺盛，叶量适中，果实发育速度快，高圆形，表面光滑亮丽，颜色深粉红色，果肉厚，耐贮运，商品性特优，单果重 350 克左右，最大果可达 800 克，亩产可达 10 000 千克以上。抗病毒病、

叶霉病、灰霉病、枯萎病、黄萎病、筋腐病，早疫病、晚疫病发病率低，耐根结线虫病。适于日光温室及春、秋大中棚栽培，也可用于春露地栽培。

9. 园艺 504 辽宁省农业科学院蔬菜研究所选育。中熟，无限生长类型，生长势强，叶片中等大小，连续坐果能力强，果个整齐。成熟果实粉红色，着色均匀，颜色亮丽，高圆形，果面光滑，无绿果肩，外形美观，单果重

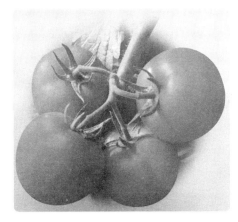

200～250 克，硬度高，耐贮运。抗 TY，抗筋腐病、烟草花叶病毒病，耐灰叶斑，耐热性强，适合长江以北地区越夏、秋延温

室和大棚种植。

10. 铁嘉 西安临潼区栎阳丰农蔬菜种苗研究所培育。与保冠1号的商品性、抗病性和早熟性基本一致。无限生长类型，生长势中等偏好。果实高圆形，粉红色，无绿肩，光泽度好，果洼小，风味好，大小均匀。硬度好，耐贮耐运，货架寿命长。高抗南方根结线虫病、番茄花叶病毒病、叶霉病和枯萎病，中抗黄瓜花叶病毒病，晚疫病发病率低，没有发现筋腐病。早熟，前期产量高。适宜保冠1号种植的地区茬次也适宜该品种，特别是根结线虫病发生严重地区。

11. 露地粉王 露地专用番茄品种之一，属高秧粉红果类型。抗热性好，中早熟，叶量大，生长势强，连续坐果能力强。特大果，高圆形，无绿肩，色泽亮丽，质沙爽口，单果重350~400克。皮厚，硬度大，耐雨裂，耐贮耐运。综合抗性好，高抗番茄花叶病毒病（ToMV），中抗黄瓜花叶病毒病（CMV），高抗叶霉病和枯萎病，灰霉病、晚疫病发病率低，没有发现筋腐

病。适宜露地栽培。

第三讲 主要设施类型及建造

（一）塑料薄膜棚

1. 小型塑料薄膜拱棚 一般来说，小型塑料薄膜拱棚（小拱棚）高大多在 1.0～1.5 米，内部难以直立行走。小拱棚主要应用于：①耐寒蔬菜春提前、秋延后或越冬栽培。由于小拱棚可以覆盖草苫防寒，因此与大棚相比早春栽培可更加提前，晚秋栽培可更为延后。耐寒蔬菜如青蒜、白菜、香菜、菠菜、甘蓝等，可用小拱棚保护越冬。②果菜类蔬菜春季提早定植，如番茄、辣椒、茄子、西葫芦、草莓等。③早春育苗，如用于塑料薄膜大棚或露地栽培的春茬蔬菜及西瓜、甜瓜等育苗。

拱圆形小拱棚是生产上应用最多的类型，主要采用毛竹片、竹竿、荆条或直径 6～8 毫米的钢筋等材料，弯成宽 1～3 米，高 1.0～1.5 米的弓形骨架（图 3-1）。骨架用

图 3-1 拱圆形小拱棚

竹竿或 8 号铅丝连成整体，上覆盖 0.05～0.10 毫米厚薄膜，外用压杆或压膜线等固定薄膜。小拱棚的长度不限，多为 10～30

米。通常为了提高小拱棚的防风、保温能力，除了在田间设置风障之外，夜间可在膜外加盖草苫、草袋片等防寒物。

2. 中型塑料薄膜棚　中型塑料薄膜棚（中拱棚）的面积和空间比小拱棚大，人可在棚内直立操作，是小棚和大棚之间的中间类型。中型塑料薄膜棚主要为拱圆形结构，一般跨度为 3～6 米。在跨度为 6 米时，以棚高 2.0～2.3 米、肩高 1.1～1.5 米为宜；在跨度为 4.5 米时，以棚高 1.7～1.8 米、肩高 1.0 米为宜。长度可根据需要及地块形状确定。按建筑材料的不同，拱架可分为竹木结构中棚、钢架结构中棚、竹木与钢架混合结构中棚、镀锌钢管装配式中棚。中拱棚可用于果菜类蔬菜的春早熟或秋延后生产，也可用于采种。在中国南方多雨地区，中拱棚应用比较普遍，因其高度与跨度的比值比塑料薄膜大棚要大，有利雨水下流，不易积水形成"雨兜"，便于管理。

（1）竹木结构中拱棚　按棚的宽度插入 5 厘米宽的竹片，将其用铅丝上下绑缚一起形成拱圆形骨架，竹片入土深度 25～30 厘米。拱架间距为 1 米左右。其构造参见竹木结构单栋大棚。竹木结构的中拱棚，跨度一般为 4～6 米，南方多用此棚型。

（2）钢架结构中拱棚　钢骨架中拱棚跨度较大，拱架有主架与副架之分。跨度为 6 米时，主架用直径 4 厘米（4 分）钢管作上弦、直径 12 毫米钢筋作下弦制成桁架，副架用直径 4 厘米钢管制成。主架 1 根，副架 2 根，相间排列。拱架间距 1.0～1.1 米。钢架结构也设 3 道横拉杆，用直径 12 毫米钢筋制成。横拉杆设在拱架中间及其两侧部分 1/2 处，在拱架主架下弦焊接，钢管副架焊短截钢筋与横拉杆连接。横拉杆距主架上弦和副架均为 20 厘米，拱架两侧的 2 道横拉杆，距拱架 18 厘米。钢架结构不设立柱（图 3-2）。

（3）混合结构　其拱架也有主架与副架之分。主架为钢架，用料及制作与钢架结构的主架相同。副架用双层竹片绑紧做成。主架1根，副架2根，相间排列。拱架间距0.8～1.0米，混合结构设3道横拉杆，横拉杆用直径12毫米钢筋做成，横拉杆设在拱架中间及其两侧部分1/2处，在钢架主架下弦焊接。竹片副架设小木棒与横拉杆连接，其他均与钢架结构相同。

图3-2　钢架结构中拱棚

3. 大型塑料薄膜棚　大型塑料薄膜棚，简称塑料大棚，它是用塑料薄膜覆盖的一种大型拱棚，和温室相比，它具有结构简单、建造和拆装方便、一次性投资较少等优点；与中小棚相比，又具有坚固耐用，使用寿命长，棚体空间大，有利作物生长，便于环境调控等优点。由于棚内空间大，作业方便，且可进行机械化耕作，使生产效率提高，所以是中国蔬菜保护地生产中重要的设施类型。

温馨提示

　　蔬菜大棚应选择建在地下水位低，水源充足、排灌方便、土质疏松肥沃无污染的地块上；以南北向为好，如受田块限制，东西向也可以，尽量避免斜向建棚。一般要求座向为南北走向，排风口设于东西两侧，有利于棚内湿度的降低；减少了棚内搭架栽培作物及高秆作物间的相互遮阴，使之受光均匀；避免了大棚在冬季进行通风（降温）、换气操作时，降温过快以及北风的侵入，同时增加了换气量。

（1）单栋大棚　生产上绝大多数使用的是单栋大棚，棚面有拱形和屋脊形两种。它以竹木、钢材、钢筋混凝土构件等做骨架材料，其规模各地不一。

①竹木结构单栋大棚。一般跨度为 8～12 米，脊高 2.4～2.6 米，长 40～60 米，一般每栋面积 667 米^2 左右，由立柱（竹、木）、拱杆、拉杆、吊柱（悬柱）、棚膜、压杆（或压膜线）和地锚等构成（图 3-3 和图 3-4），其用料见表 3-1。

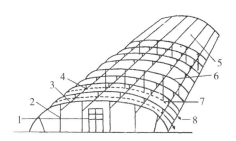

图 3-3　竹木结构单栋大棚示意图

1. 门　2. 立柱　3. 拉杆（纵向拉梁）　4. 吊柱
5. 棚膜　6. 拱杆　7. 压杆（压膜线）　8. 地锚

表 3-1　667 米^2 竹木及竹木水泥混合结构大棚用料

用料种类	规　格		用量	用途
	长（米）	直径（厘米）		
竹竿	6～7	4～5	120 根	拱杆
竹竿或木棍	6～7	5～6	60 根	拉杆

（续）

用料种类	规　　格		用量	用途
	长（米）	直径（厘米）		
杨柳木或水泥柱	2.4	8×10	38 根	中柱
	2.1	8×8	38 根	腰柱
	1.7	7×7	38 根	边柱
铅丝或压膜线	8 号	—	50～60 千克	压膜
	拉力 80 千克	—	8～9 千克	压膜
门	1.5～2 米	80	2 副	出入口
薄膜	—	—	120～140 千克	盖棚

图 3-4　竹木结构单栋大棚

大棚建造步骤：

定位：按照大棚宽度和长度确定大棚 4 个角，使之成直角，后打下定位桩，在定位桩之间拉好定位线，把地基铲平夯实，最好用水平仪矫正，使地基在一个平面上，以保持拱架的整齐度。

埋立柱：立柱起支撑拱杆和棚面的作用，纵横成直线排列。选直径 4～6 厘米的圆木或方木为柱材，立柱基部可用砖、石或混凝土墩，也可将木柱直接插入土中 30～40 厘米，立柱入土部分涂沥青以防止腐烂。上端锯成缺刻，缺刻下钻孔，以备固定棚架用。其纵向每隔 0.8～1.0 米设 1 根立柱，与拱杆间距一致，横向每隔 2 米左右 1 根立柱，立柱的直径为 5～8 厘米，中间最高，一般 2.4～2.6 米，向两侧逐渐变矮，形成自然拱形。这种竹木结构的大棚立柱较多，使大棚内遮阴面积大，作业也不方便，因此逐渐发展为"悬梁吊柱"形式，即将纵向立柱减少，而用固定在拉杆上的小悬柱代替。小悬柱的高度约 30 厘米，在拉杆上的间距为 0.8～1.0 米，与拱杆间距一致，一般可使立柱减少 2/3，大大减少立柱形成的阴影，有利于光照，同时也便于作业。

固定拱杆：拱杆是塑料薄膜大棚的主骨架，决定大棚的形状和空间构成，还起支撑棚膜的作用。拱杆可用直径 3～4 厘米的竹竿或宽约 5 厘米、厚约 1 厘米的毛竹片按照大棚跨度要求连接构成，一般 2～3 根竹竿可对接完成一个完整的圆拱。拱杆两端插入地中，其余部分横向固定在立柱顶端，成为拱形，通常每隔 0.8～1.0 米设 1 道拱杆，埋好立柱后，沿棚两侧边线，对准立柱的顶端，把拱杆的粗端埋入土中 30 厘米左右，然后从大棚边向内逐个放在立柱顶端的豁口内，用铁丝固定。铁丝一定要缠好接口向下拧紧，以免扎破薄膜。

固定拉杆：拉杆是纵向连接立柱的横梁，对大棚骨架整体起加固作用。拉杆可用竹竿或木杆，通常用直径 3～4 厘米的竹竿作为拉杆，拉杆长度与棚体长度一致，顺着大棚的纵长方向，绑的位置距顶 25～30 厘米处，用铁丝绑牢，使之与拱杆连成一体。绑拉杆时，可用 10 号至 16 号铅丝穿过立柱上预先钻出的孔，用钳子将拉杆拧在立柱上。

盖膜：为了以后放风方便，也可将棚膜分成几大块，相互搭接在一起（重叠处宽要≥20 厘米，每块棚膜边缘烙成筒状，内可穿绳），电熨斗加热黏接，便于从接缝处扒开缝隙放风。接缝位置通常是在棚顶部及两侧距地面约1米处。若大棚宽度小于10米，顶部可不留通风口；若大棚宽度大于10米，难以靠侧风口对流通风，就需在棚顶设通风口。棚膜四周近地面处至少要多留出30厘米（图3-5）。扣上塑料薄膜后，在两根拱杆之间放一根压膜线，压在薄膜上，使塑料薄膜绷平压紧，不能松动。压膜线两端应绑好横木埋实在土中，也可固定在大棚两侧的地锚上。

装门：用方木或木杆做门框，门框上钉上薄膜。

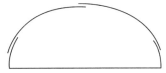

跨度大于10米，顶部和侧面两边留风口　　跨度小于10米，侧面两边留风口

图3-5　覆膜方式

②钢架结构单栋大棚。这种大棚的特点是坚固耐用，中间无柱或只有少量支柱，空间大，便于蔬菜作物生长和人工或机械作业，但一次性投资较大。这种大棚因骨架结构不同可分为：单梁拱架、双梁平面拱架、三角形（由三根钢筋组成）拱架。通常大棚宽10～15米，高2.8～3.5米，长度50～60米，单栋面积多为667～1 000米²。根据中国各地情况，单栋面积以每个棚667米²为好，便于管理。棚向一般南北延长、东西朝向，这样的棚向光照比较均匀。单栋钢骨架大棚扣塑料棚膜及固定方式，与竹木结构大棚相同。大棚两端也有门，同时也应有天窗和侧窗通风（图3-6）。

③钢竹混合结构大棚。此种大棚的结构为每隔3米左右设一平面钢筋拱架，用钢筋或钢管作为纵向拉杆，约每隔2米一道，将拱架连接在一起。在纵向拉杆上每隔1.0～1.2米在短立柱顶上架设竹拱杆，与钢拱架相间排列。其他如棚膜、压杆（线）及

门窗等均与竹木或钢结构大棚相同。钢竹混合结构大棚用钢量少，棚内无柱，既可降低建造成本，又可减少立柱遮光，改善作业条件，是一种较为实用的结构。

图3-6　钢架结构单栋大棚

　　④镀锌钢管装配式大棚。这类大棚采用热浸镀锌的薄壁钢管为骨架建造而成，虽然造价较高，但由于它具有强度好、耐锈蚀、重量轻、易于安装拆卸、棚内无柱、采光好、作业方便等特点，同时其结构规范标准，可大批量工业化生产，所以在经济条件较好的地区，有较大面积推广应用。

　　（2）连栋大棚　由两栋或两栋以上的拱形或屋脊形单栋大棚连接而成，单栋宽度8～12米。连栋大棚具覆盖面积大、土地利用较充分、棚内温度变化较平稳、便于机械耕作等优点（图3-7）。

图3-7　连栋大棚

（二）日光温室

日光温室是指以日光为能源，具有保温蓄热砌体围护和外覆盖保温措施的建筑砌体，冬季无需或只需少量补温，便能实现周年生产的一类具有中国特色的保护设施。

日光温室建造场地应选择地形开阔、高燥向阳、周围无高大树木及其他遮光物体的平地或南向坡地，避免选择遮光地方，确保光照充足。同时，应选择避风向阳之处，选择地应地势高燥、排水良好、水源充足、水质好土质肥沃疏松、有机质含量高、无盐渍化及其他土壤污染，距交通干线和电源较近，以有利于物质运输及生产。但应尽量避免在公路两侧，以防止车辆尾气和灰尘的污染。

1. 土墙竹木结构日光温室 土墙温室造价低，土墙具有良好的保温和贮热能力，而且这类温室均为半地下类型，其栽培效果较好；但夏季容易积水，易损毁，使用年限短。不同地区，这种温室各部分的具体尺寸和角度有些差别。

（1）墙体 选好建造场地后，用挖掘机将表层 20 厘米范围内的土壤移出，置于温室南侧，将土堆砌成温室的后墙和侧墙，再用挖掘机或推土机碾实。注意，在留门的位置要预先用砖做成拱门（图 3 - 8）。墙体堆好后，用挖掘机将墙体内层切削平整（图 3 - 9），并将表层土壤回填。这样建成的温室墙体很厚，下部宽度达 3～4 米，上部也在 1 米以上。

（2）后屋面 后墙前埋设一排立柱，间距 3 米，以水泥柱为好，立柱上东西方向放置檩条。每段檩条长 3 米，在立柱顶部搭接，为保证坚固，可根据情况在两根立柱之间再支加强柱。在温室后墙顶部应先铺一层砖，檩条上铺椽子，椽子前端搭在檩条上，后部搭在后墙顶部的砖块上（图 3 - 10）。或者在后墙内层，紧贴后墙加一排立柱，其上横放檩条，将椽子搭在上面（图 3 - 11）此时温室的后屋面下方即有两排立柱。椽子上可铺芦苇帘，但最好用两层薄膜将玉米秸包起来，外面再盖土，这样温室的保温性能好，且不易腐朽。

图 3-8 拱门

图 3-9 切削平整的墙体

图 3-10 后墙顶部铺砖

图 3-11 后墙内层的立柱

图 3-12 椽子直接搭在墙上

温馨提示

　　最好不要把椽子直接搭在土墙上，这样容易引起土墙坍塌（图 3-12）。

　　(3) 前屋面　温室的前屋面下设置 3 排立柱 (图 3-13)，若用竹竿作支柱，要提前用镰刀对竹竿、竹片修整毛刺，避免其划破薄膜，然后每一根拱杆下面设置 3 根立柱，每根拱杆均由上部的竹竿和接地部分的竹片组成，间距 80 厘米，最后用 8 号铁丝分别将各排立柱连接起来；若水泥立柱，同样设置 3 排，同一排立柱的间距为 1.6 米，立柱上放松木作拉杆 (图 3-14)，为保证覆盖薄膜后压膜

图 3-13　三排立柱

线压紧薄膜，拱杆和拉杆之间要有一定的间距，为此，可以在前两排立柱的拉杆之上再垫块砖 (图 3-15)。用竹竿和竹片作拱，即每道拱前端为竹片，后部为竹竿，最前一排立柱上不绑拉杆，而且是每根拱杆下都有小立柱，只是用铁丝把小立柱连接起来，这样，压膜线能将薄膜压紧，平面前部呈波浪状，减少"风鼓膜"现象。同时做好地锚，用于将来固定薄膜和草苫。

图 3-14　松木拉杆

图 3-15　拉杆上垫砖

（4）薄膜 使用 EVA 薄膜或 PVC 薄膜，每年更换新膜。通常覆盖三块薄膜，留上下两个通风口。也可以覆盖两块薄膜，下部留一个通风口，上部设置拔风筒（图 3-16），每隔 3 米设置 1 个拔风筒。拔风筒实际上是用塑料薄膜黏合而成的袖筒状塑料管，下端与温室薄膜粘合在一起，上端边缘包埋一个铁丝环，铁丝环上连接细铁丝，筒内有一根竹竿通到温室内，支起竹竿可通风（图 3-17），放下竹竿并稍加旋转可闭风（图 3-18）。薄膜边缘要包埋尼龙线，这样搭接处就可以紧密闭合。为了充分利用土地，减少出入口冷风进入，可以不在墙体上留门，而是在前屋面薄膜上留出入口（图 3-19）。

图 3-16 设置拔风筒

图 3-17 竹竿支起（通风状态）

图 3-18 竹竿放下且旋转
（闭风状态）

图 3-19 前屋面设置出入口

（5）其他　为充分发挥温室的保温性能，在温室上应该覆盖一层半或两层草苫（图3-20）。竹木结构的前屋面通常不能承受卷帘机的重量，需要人工卷放草苫。温室前屋面接近地面的位置，也是温室温度最低的位置，可在草苫外面额外再围一层草苫，提高保温效果。温室后屋面和后墙容易受到雨水冲刷，雨季前可在温室后屋面上覆盖废旧塑料薄膜，将后屋面表面连同后墙都盖住，或者用石块、砖、水泥将墙体、后屋面都包起来更加坚固。

图3-20　温室覆盖草苫

2. 土墙钢筋拱架日光温室　这种温室的土墙保温、贮热性能良好，且使用了钢筋拱架，坚固耐用，中间无柱或只有少量支柱，空间大，便于蔬菜作物生长和人工或机械作业，但一次性投资较大。温室一般宽6.6~8米，高3.5米，墙体基部厚3米以上，后墙内侧高2.8米（图3-21）。双弦拱架，两弦之间采用工字形支撑形式，可节省钢筋，降低成本（图3-22）。但位于后屋面下的拱架部分应采用人字形支撑形式，以确保坚固性。若资金充足，整个拱架均应采用人字形支撑形式（图3-23）。

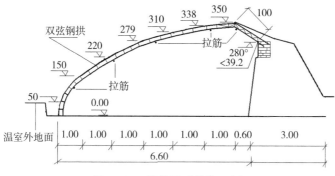

图 3-21　结构图（单位：米）

图 3-22　工字形拱架

图 3-23　人字形拱架

　　建造流程同土墙竹木结构日光温室，但用钢筋或钢管焊接成钢筋拱架局部压力大，所以不能直接放置在后墙上，必先在后墙上加支撑物。可在后墙上砌6～7层砖，拱架放置在墙中，并用水泥浇筑（图3-24）。也可紧贴后墙埋设一排立柱，每个立柱顶部放置一块木头或一块黏土砖，支撑一个拱架（图3-25）。为了顺利铺设后屋面，并防止拱架左右倾斜，在后屋面下位置、拱架两弦之间，最好能穿插一条脊檩，并埋设一排立柱进行支撑。温室前沿挖沟，用于安放拱架，拱架下方要垫砖或石块，防止沉陷（图3-26）。但最好还是在温室前沿砌筑矮墙，将拱架前端插入其中，并倒入水泥砂浆浇筑，这样做更加坚固。

图 3-24　后墙加支撑物　　　图 3-25　紧贴后墙埋设一排立柱

温室前屋面共有 5~6 个拉筋（图 3-27），将钢拱架连成一体，保证拱架在风、雪、雨等恶劣天气不致左右倾倒。拉筋焊接在拱架的下弦之上，便于覆盖薄膜后相邻拱架之间的压膜线能向下压紧薄膜。为确保坚固，还需在拱架侧面加拉筋固定拉杆，拉筋与拉杆呈三角形。另外，可在前屋面下临时设立木质支柱或水泥支柱。

图 3-26　拱架下方垫砖　　　　图 3-27　拉筋

钢筋拱架的温室有足够的强度承托卷帘机的重量，因此可安装卷帘机，如"爬山虎"式卷帘机、"一排柱"式卷帘机。

3. 其他主要推广类型

（1）土墙无柱桁架拱圆钢结构节能日光温室　跨度为 7.5 米，脊高 3.5 米，后屋面水平投影长度 1.5 米，后墙为土墙，高 2.2 米、基部厚度为 3.0 米、中部厚度为 2.0 米、顶部厚度为

1.5 米（图 3-28）。

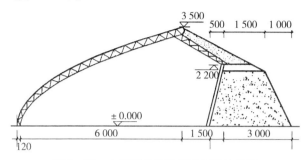

图 3-28　土墙无柱桁架拱圆钢结构节能
日光温室断面示意（单位：毫米）

（2）复合砖墙大跨度无柱桁架拱圆钢结构节能日光温室　跨度为 12 米，脊高 5.5 米，后屋面水平投影长度 2.5 米，后墙高 3.2 米、厚 48 厘米砖墙、中间夹 12 厘米厚聚苯板。适合果菜类蔬菜长季节栽培、果树栽培及工厂化育苗，是目前工厂化育苗大力推广的日光温室类型（图 3-29）。

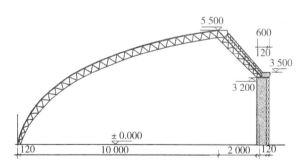

图 3-29　复合砖墙大跨度无柱桁架拱圆钢结构节能
日光温室断面示意（单位：毫米）

（3）新型土墙节能日光温室　它是一种土墙无柱桁架拱圆钢结构日光温室，跨度为 8 米，脊高 4.5 米，后屋面水平投影长度 1.5 米，后墙为 3.0 米高土墙，墙底厚度 3.0 米、墙顶厚度 1.5

米、平均厚度 2.25 米。该温室除墙体外，其他部分及温室性能与新型复合砖墙节能日光温室基本相同，是现阶段正大面积推广的日光温室类型（图 3-30）。

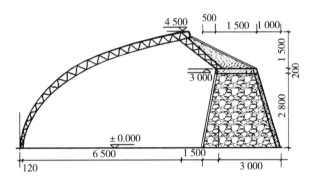

图 3-30　新型土墙节能日光温室结构断面示意（单位：毫米）

第四讲　高效栽培技术

（一）日光温室栽培技术

日光温室番茄栽培的茬口主要有春茬、冬春茬以及秋冬茬，以春茬和冬春茬的栽培效果最好。近年来，日光温室番茄越冬长季节栽培获得成功。该茬口正处在前期高温、中后期低温寡照的时期，栽培难度较大，但若温室环境管理良好，冬季日光温室内最低气温控制在8℃以上，外界平均日照百分率在60%以上，每667米^{2}产量达20 000千克。

1. 冬春茬番茄栽培　冬春茬番茄多在9月上、中旬播种，苗龄50～60天。12月下旬至翌年1月上旬开始采收，6月中、下旬拉秧。

（1）品种选择　适宜日光温室栽培的番茄品种应具有质优、耐热、耐低温和弱光、能抗多种病害、植株开展度小、叶片疏、节间短、不易徒长等特点。

（2）育苗

①营养土的配制。

配方一：大田土60%～70%、充分腐熟的有机肥30%～40%、少量化肥（每立方米营养土加氮磷钾复合肥2千克）、杀菌剂（50%多菌灵或其他杀菌剂80～100克）充分混合。如果有条件，每立方米营养土中再掺入10千克草炭，效果更好。

配方二：采用过筛园土、草炭、蛭石1∶4∶1进行配制。此外，每立方米营养土再添加膨化鸡粪600克，复合肥800～1 000克。用这种配方配制的营养土，可保证番茄整个幼苗期对养分的需要。

配方三：如果采用穴盘育苗方式，为了减轻穴盘的重量、便于搬动、疏松土质，一般采用草炭和蛭石作为培养基质。春季育苗一般用草炭、蛭石按 1∶1 比例混合，夏秋育苗，温度较高还需添加珍珠岩，草炭、蛭石、珍珠岩按 1∶1∶1 混合，育苗后期，可喷少量 0.1%～0.2% 的氮磷钾复合肥浸泡液。此配方一般用于穴盘育苗。

②种子处理。播种前将番茄种子置于太阳下晾晒 2～3 天，之后对种子进行灭菌处理。预防细菌性病害，将高锰酸钾粉剂对水稀释成 1 000 倍的药液，将种子放入药液中消毒 15 分钟，然后捞出种子，用清水反复冲洗干净。在播种前用 10% 磷酸三钠浸种 20 分钟，用清水洗净后在 55℃ 水中浸泡 20～25 分钟，再在 30℃ 水中浸种 4～6 小时。此方法为温汤浸种。此外，还可以采用药液浸种。预防番茄病毒病，可先将种子在清水中浸泡 4～5 小时，然后放入 10% 磷酸三钠或 2% 氢氧化钠溶液中浸泡 20 分钟，捞出后用清水冲洗干净。

温馨提示

胚根过长播种时容易折断。如果已经长出胚根又不能及时播种，可将发芽的种子置于低温环境下，也可以放在冰箱冷藏室中，抑制其生长。

浸种后将种子捞出，用干净的湿毛巾或湿纱布包好，在 20～28℃ 的环境下催芽，开始温度高一些，以 25～28℃ 为宜，后期温度低一些，以 20～22℃ 为宜。在催芽过程中，每天打开布包，用温清水冲洗 1～2 次，洗去从种子里渗出的黏液，并让种子呼吸透气，以防霉烂。当种子露出白色胚根时即可播种（图 4-1）。

图 4-1 催芽后"露白"

　　③常规育苗。可采用营养钵育苗，有条件的可采用穴盘育苗、无土育苗。冬春茬番茄育苗期在 12 月上旬至翌年 1 月中、下旬，温度低、生长慢，苗龄长，如果温室保温能力较差需要铺设电热温床缩短苗龄（图 4-2）。每公顷种植 60 000～75 000株，则需种量约为 450 克。如考虑到种子的发芽率、间苗、选苗等损耗，还应增加 30% 以上的种子量。每栽种 1 公顷温室番茄，需移栽床 750～1 050 米²。冬春茬栽培的番茄播种期室内外气温比较适宜，在室内做育苗畦即可育苗。如利用营养钵或营养土方（5 厘米×8 厘米）直播育苗，做宽 1 米、长 5～6 米的畦，然后把营养钵摆放在畦内，一般可直播 30 克左右的种子。也可以育苗移栽，即在温室内做宽 1～1.5 米、长 5 米的畦，畦埂高 10 厘米，每畦撒施优质有机肥 100 千克，翻耕后耙平畦面，待播。

　　营养钵育苗：是一种常见的番茄育苗方式（图 4-3），就是将营养土装入育苗钵中，播种后施药土覆盖。育苗钵大小以 10 厘米×10 厘米或 8 厘米×10 厘米为宜，装土量以虚土装至与钵口齐平为佳。装好土的营养钵在摆放好之后要浇足水，且浇水量要一致，从而保证育苗期间充足的水分供应。放置半天，再浇一次小水，确保营养土充分吸水，然后播种。将种子平放在营养钵中央，随播种随覆土，用手抓一把潮湿的营养土放到种子上，形成

2～3厘米厚的圆土堆。要做到覆土均匀，保证出苗整齐以及出苗后幼苗生长高度一致。低温季节育苗，播种后要在营养钵上覆盖地膜，增温保湿，必要时，还要在苗床上再搭建小拱棚保温。

图4-2　电热温床　　　　　　图4-3　营养钵育苗

穴盘育苗：是以不同规格的专用穴盘做容器，用草炭、蛭石等轻质无土材料作基质，通过精量播种（一穴一粒）、覆土、浇水，一次成苗的现代化育苗技术。为了促使种子萌发整齐一致，播种之前应进行种子处理。为了适应精量播种的需要和提高苗床的利用效率，选用规格化穴盘，育苗时根据所培育秧苗苗龄不同进行选择。冬春季育苗，育成的番茄幼苗要达2叶1心，可选用288孔的穴盘；4～5叶的幼苗，选用128孔的穴盘；6叶幼苗则选用72孔的穴盘（图4-4）。夏季育苗，3叶1心幼苗选用200孔或288孔的穴盘。选择好合适的穴盘后，向营养土中喷水，将其拌潮湿，然后向穴盘中铺营养土，用板刮平，在装好营养土的苗盘上覆盖一个空穴盘，用两手手掌摁压，使下面苗盘中的基质下陷，形成一种能够播种

图4-4　72孔穴盘

的凹坑。将种子放在穴盘里，每个穴放一粒种子，再撒上一层基质，要求将基质撒满穴盘，然后用木板刮平即可。播种后，再用小喷壶浇透水。将播种后的苗盘摆放整齐，其上覆盖地膜保湿，有幼苗出土后，再将薄膜揭去。以后每1～2天喷水一次。

④嫁接育苗。日光温室冬春茬番茄栽培可以采用嫁接育苗技术。一般砧木为野生番茄，同时也要根据不同的种植茬口选择不同的番茄品种。嫁接方法可采用靠接、插接等。嫁接苗应放在遮阴的塑料棚中，保持气温为20～23℃，空气相对湿度90%以上。嫁接后第3天开始见弱光，此后的3～4天内逐渐加强光照强度以恢复光合作用。当接口完全愈合后，即可撤除遮光覆盖物，进行正常苗期管理。

劈接法：这种嫁接方法主要用于茄果类蔬菜的嫁接栽培，其方法接口面积大，嫁接部位不易脱离或折断，而且接穗能被砧木接口完全夹住，不会发生不定根。但是接穗无根，嫁接后需要进行细致管理。砧木比接穗提前播种，播种的天数要根据砧木和接穗的生长速度而定。劈接时砧木和接穗最好粗细相近。嫁接时，砧木应有4～5片展开的真叶，接穗要比砧木略小，应有4片展开真叶；嫁接时，要从砧木的第3和第4片真叶中间把茎横向切断。然后从砧木茎横断面的中央，纵向向下割成1.5厘米左右的接口。再把接穗苗，在第2片真叶和第3片真叶中间稍靠近第2片真叶处连同叶片一起平切掉，保留上部，将基部两面削成1.5厘米长的楔形接口。最后把接穗的楔形切口对准形成层插进砧木的纵接口中，用嫁接夹固定（图4-5至图4-9）。注意遮阴保湿，

图4-5 横切砧木

过 7~10 天接穗成活（已见生长时），把夹子除掉。

图 4-6 劈开砧木

图 4-7 接穗楔形

图 4-8 接穗插入砧木中

图 4-9 嫁接夹固定

靠接法：此法因嫁接前期接穗和砧木均保留根系，所以容易成活，便于操作管理。靠接法在培育砧木和接穗幼苗时，种子应先后进行浸种催芽，接穗的种子宜比砧木早播种 5~6 天。在砧木苗和接穗苗展开 4~5 片真叶时为嫁接适期。先把接穗苗放在不持刀手的手掌上，苗梢朝向指尖，斜着捏住，在子叶与第 1 片真叶之间，用刀片按 35°~45°角向上把茎削成斜切口，深度为茎粗的 1/2~2/3，注意下刀部位在第 1 片真叶的侧面，长度与接穗苗切口基本一致。把砧木上梢去掉，留下 3 片真叶，在嫁接成活以前要保留这 3 片真叶，这样便于与接穗苗相区别。在砧木上，用刀在第 1 片真叶下部、侧面，按 35°~45°角，斜着向下切到茎粗的

1/2 处，呈楔形。将接穗切口插入砧木切口内，使两个接口嵌合在一起，再用嫁接夹固定。嫁接 10 天左右，接穗开始生长，选择晴天下午，切断嫁接部位下侧接穗的茎，即断根（图 4-10 至图 4-15）。

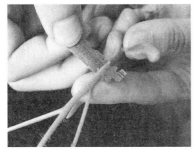

图 4-10　斜切接穗

图 4-11　切掉砧木上端

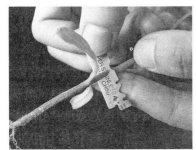

图 4-12　斜切砧木

图 4-13　砧木与接穗切口嵌合

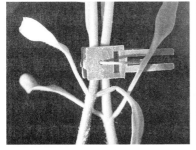

图 4-14　嫁接夹固定

图 4-15　断根

⑤苗期管理。

温度管理：见表4-1。

表4-1　苗期温度管理

时　　　期	白天适宜温度	夜间适宜温度
播种至出苗前	25～28℃	12～18℃
出苗后至第1片真叶展开	15～17℃	10～12℃
第1片真叶展开后	25～28℃	20～18℃

备注：遇阴雪天气，中午苗床最高气温不应低于15℃，夜间最低气温不低于10℃。

水肥管理：苗期水分管理对培育壮苗非常重要，一般在播种时浇1次透水后，至出苗前不再浇水。出苗后至分苗期间尽量少浇水，但每次浇水必定要浇足。如苗床育苗采取开沟坐水后移苗，可维持相当长的时间不必补水，直到定植前起苗时才浇水；如采用营养钵或营养土方育苗，一般是幼苗出现轻度萎蔫时才补水。在育苗中、后期，如植株生长迟缓，叶色较淡或子叶黄化，则要及时补充养分。叶面追肥可用0.2%磷酸二氢钾和1%葡萄糖喷雾。

在光照管理上，尽可能延长温室受光时间，覆盖高光效塑料薄膜，随时清洁温室屋面，增加透光性能；在温室后墙张挂反光幕等（图4-16）。在有条件的地方，可采用人工补光措施，提高秧苗的质量。

图4-16　反光幕

（3）定植

①定植时间。1月底至2月底定植。但日光温室冬春茬番茄

定植时的适宜苗龄，依品种及育苗方式不同而有差别，一般早熟品种为50～60天，中熟品种为60～70天。从生理苗龄上看，苗高20～25厘米，具7～9片真叶，茎粗0.5～0.6厘米，现大蕾时定植较为合适。

②整地施肥。定植前需对土壤进行翻耕、施肥和消毒。

在中等土壤肥力条件下，每公顷施腐熟优质有机肥150米^3。结合深翻地先铺施有机肥总量的60%作基肥，进行高畦双行栽培，畦间距70厘米，畦内行距45厘米，株距30～35厘米，畦内开小沟，在畦上铺设1道或2道塑料滴灌软管，再用90～100厘米宽银黑两面地膜覆盖，银面朝上。

③定植密度。定植密度与整枝方式有关，采用常规整枝方式，小行距50厘米，大行距60厘米，株距30厘米。每公顷保苗52 500株；如采用连续换头整枝法，小行距为90厘米，大行距1.1米，株距30～33厘米，每667米^{2}保苗1 800～2 000株。定植时在膜上打孔定植，苗坨低于畦面1厘米，然后再用土把定植孔封严。定植后随即浇透水。

（4）定植后的管理

①温度管理。定植后5～6天内不通风，给予高温、高湿环境促进缓苗。如气温超过30℃且秧苗出现萎蔫时，可采取回苦遮阴的方法，秧苗即可恢复正常。其他时期温度管理见表4-2。

表4-2　定植后温度管理

时期	白天适宜温度（℃）	夜间适宜温度（℃）
缓苗期	28～30	20～18
缓苗后	26	15
花期	26～30	18
坐果后	26～30	18～20

备注：外界最低气温下降到12℃时，为夜间密封棚的温度指标。

②肥水管理。在浇定植水和缓苗水时，要使 20～30 厘米土层接近田间持水量，可维持一段时间不浇水。当第 1 穗最大果直径达到 3 厘米左右时，浇水结束蹲苗。第 1 穗果直径 4～5 厘米大小，第 2 穗果已坐住时进行水肥齐攻，可在畦边开小沟每公顷追施复合肥 225 千克或随滴灌施尿素 150 千克（图 4-17），每公顷的灌水量 225 米³ 左右。但是此时浇水还需依据 20 厘米土层的相对湿度，如接近 60% 时才应浇水。此后番茄生长速度

图 4-17　滴灌

不断加快，当土壤相对湿度降到 70% 时即行浇水。在番茄结果盛期需水量大，当土壤相对湿度达到 80% 时即需要补水。到生长后期，主要是促进果实成熟，所以不再强调补水。

③光照调节。番茄生长发育需光量较高，光的饱和点是 70 000 勒克斯，冬季日光温室难以达到这样的强度，因此必须重视尽量延长光照时间和增加光照强度。调节的措施有：清洁屋面塑料薄膜；选用适合温室栽培的专用品种，这种专用品种的植株开展度小，叶片疏，透光性好；在温室后墙张挂反光幕，增加温室后部植株间光照强度；适当加宽行距，减小密度，以改善通风透光条件。

④植株调整。

吊蔓或绑蔓：番茄的大多数品种茎都是呈蔓性、半蔓性，木质化程度不高，当株高 40 厘米时，茎因承受不了枝叶的重量而倒伏。一般会采用吊架或支架方式进行吊蔓或绑蔓。这样不但可

以方便田间操作，而且可以改善田间通风透光性，减轻病虫危害的机会，提高产量和品质。采用单绳吊蔓，能够减少遮阴，而且作业方便迅速，绳的一端固定在温室的骨架上，绳的另一端绑短竹竿插入土中或绑在茎的基部，绳要拉紧，避免植株倾斜，随着植株的生长，及时将茎蔓缠绕在绳上；采用竹竿支架绑蔓，支架的形式有篱架、"人"字形架等（图4-18和图4-19）。进入开花期进行第一次绑蔓。绑蔓部位在花穗之下，起到支撑果穗的作用。绑蔓时注意将花序朝向走道的方向，以便以后进行蘸花和摘

图4-18 篱架

图4-19 "人"字形架

果。花穗不要夹在茎与架杆之间，绑蔓时不能过紧，以放进手指为宜，为茎以后生长留有余地。每一穗果实下面都要绑一道。如果植株徒长，可将蔓绑紧些，可抑制其生长。绑蔓可以采用台湾产的绑蔓器，绑蔓器的操作速度是人工的 3～4 倍。

打杈：番茄茎、叶茂盛，侧枝发生能力强，生长发育快，为避免消耗过多养分，需要摘除叶腋中长出的多余无用的侧枝，即打杈。打杈要注意时机，一般要等到侧枝生长到 7.5～10 厘米时才打杈（图 4 - 20）。打杈要选在晴天进行，最好在上午 10 时至下午 3 时，这时温度高，伤口易愈合。打杈前，要先把手和剪枝工具消毒处理，可用 75％的酒精溶液或高锰酸钾溶液。打杈时一般应留 1～3 片叶，不宜从基部掰掉，以防损伤主干。注意，当发现有病毒病株时，应先进行无病株的整枝打杈，后进行病株的处理。

图 4 - 20　打杈

整枝：生产上常采用的整枝方法主要有以下 3 种。

单干整枝法是目前番茄生产上普遍采用的一种整枝方法，每株只留 1 个主干，把所有的侧枝陆续全部摘除，可留 3～8 穗果后摘心，即在最后一穗果的上方保留 2～3 片叶，摘除生长点，也可不摘心，不断落蔓。单株留果数和栽培密度有密切关系。单干整枝法一般保留 3～4 穗果的植株，每 667 米² 3 500～5 000 株。此法使果形大、早熟性好、前期产量高，但用苗量大、成本高、总产量低、易早衰。适宜于温室大棚隔茬栽培，多用于生长势很强的品种，尤其适宜于留果少的早熟密植矮架栽培的无限生长型品种。

双干整枝法指除留主干外，再留第一花序下生长出来的第一侧枝，而把其他侧枝全部摘除，让选留的侧枝和主枝同时生长。此法用苗量少、结果期长、长势旺、单株产量高，但早期产量低、单果重量轻、早熟性差，多在露地栽培采用，适宜于土壤肥力较高的地块和生长势较强的品种。

连续换头整枝法是在第一花序坐果，第二花序开花时，在第二花序上留 2～3 片叶摘心，培养第一花序下侧的侧芽代替主干，同样使其着生 2 个花序后，在第四花序上留 2～3 叶摘心，再选留一个侧芽代替主干，使其着生 2 个花序，如此可进行 3～4 次，可保留 3～4 个结果枝，6～8 穗果。采用此法比一般整枝法约增产 20%，但是后期枝叶繁茂，通风透气差，空气温、湿度较高，适宜于结果多的中晚熟无限生长种。

摘除老叶：随着植株的生长，番茄下部叶片逐渐老化，成为植株的负担；其次老叶使植株郁闭，田间通风透光性变差；同时老叶与地面接近，而土壤又是多种病菌的寄存场所，老叶的存在容易引发病害。因此，摘除下部老叶能降低养分消耗，能有效改善株行间的通风透光性，促进番茄转色，减少病虫害的发生（图 4-21）。

⑤保花保果。番茄属于自花授粉作物，露地栽培时，环境正常，可自行授粉结实。但是，温室内空气湿度较大，花药不易开裂，加之有时气温偏低，导致自花授粉、受精能力差，容易落花、落果。因此，需要采取一些措施来促进坐果。可应用番茄振荡授粉器、生长调节药剂蘸花，或用熊蜂授粉（图 4-22）。

图 4-21　摘除下部老叶

图 4-22　熊蜂授粉

⑥补充二氧化碳。补充二氧化碳的时间在第 1～2 花序的果实膨大生长时，浓度以 700～1 000 毫克/升为宜。一般在晴天日出后施用，封闭温室 2 小时左右，放风前 30 分钟停止施放，阴天不施放。

⑦异常天气管理。在北方冬春季节，温室生产常会遇到寒流或连续阴、雪（雨）天气，对日光温室冬春茬番茄生产带来威胁。在这种异常天气条件下，往往不能正常打开草苫或保温被，使温室内得不到阳光，温度又得不到补充，导致室内气温和地温下降，造成植株受寒害或冻害。克服方法是一定要选用能充分采光并具有良好的防寒保温能力的日光温室；在阴天外界温度不太低时（保证室温在 5～8℃以上）于中午前后要揭苫见散射光；注意控水和适当放风，防止室内湿度过大而发病；如久阴后天气暴晴，不能立即全部揭开草苫或蒲席，因为打开草苫

图 4-23　揭苫防风

后阳光射入后使温室内温度骤升，番茄叶片蒸腾量加大而发生萎蔫（图 4-23）。在管理上应特别注意在发现番茄叶片萎蔫时放下草苦（回苦），待叶片恢复正常后，再打开草苦见光，经过几次反复后，叶片即不会再发生萎蔫现象。

2. 秋冬茬番茄栽培　秋冬茬番茄播种期应根据当地气候条件具体确定，产品主要与塑料大棚秋番茄及日光温室冬春茬番茄产品相衔接，即避开大棚秋番茄产量高峰，填补冬季市场供应的空白，所以，其播种期一般比塑料大棚秋番茄稍晚，华北地区的播种期一般在 7 月下旬，苗龄 20 天左右。11 月中旬始收，翌年 1 月中旬至 2 月中旬拉秧。

（1）品种选择　可选用无限生长类型的晚熟品种，要求栽培品种抗病，尤其是抗病毒病，耐热，生长势强，大果型。

（2）育苗　参考日光温室冬春茬番茄栽培，但需注意的是：

①注意排水遮阳。日光温室秋冬茬番茄的育苗期正值高温多雨季节，苗床必须能防雨涝、通风、降温，最好选择地势高燥、排水良好的地块做育苗畦。畦上设 1.5~2 米高的塑料拱棚，棚内做 1~1.5 米宽的育苗畦（图 4-24），施腐熟有机肥每平方米 20 千克，肥土混匀，耙平畦面，或用营养钵育苗。在拱棚外加设遮阳网，或覆盖其他遮阴材料，如苇帘等。

②防止幼苗徒长。但在苗期管理上，要注意避免干旱，保持见干见湿，及时打药防治蚜虫，以防传播病毒病。此时土壤蒸发量大，浇水比较勤，昼夜温差小，因此幼苗极易徒长（图 4-25），可喷施 0.05%~0.1% 的矮壮素。秋冬茬番茄定植时的苗龄以 3~4 片叶、株高 15~20 厘米、经 20 天左右育成的苗子较为合适。

（3）定植　一般在 8 月中旬至 9 月初定植。在定植前应在日光温室采光膜外加盖遮阳网，薄膜的前底脚开通风口。每公顷施有机肥 75 000 千克。按 60 厘米大行距、50 厘米小行距开定植沟，株距 30 厘米。定植方法同日光温室冬春茬番茄栽培，可在株间点施磷酸二铵每公顷 600 千克。每公顷保苗 55 500 株。

图 4-24　塑料拱棚育苗畦

图 4-25　徒长苗

（4）定植后的管理　参考日光温室冬春茬番茄栽培，但需注意的是：定植后 2～3 天，土壤墒情合适时中耕松土 1 次，同时进行培垄。缓苗期如发现有感染病毒病的植株，要及时拔除，将工具和手消毒处理后再行补苗。现蕾期适当控制浇水，促进发根，防止徒长和落花。不出现干旱不浇水。浇水要在清晨或傍晚进行。开花时用番茄灵或番茄丰产剂 2 号处理，浓度为 20～25 毫克/升。处理方法同冬春茬番茄栽培。当第 1 穗果长到核桃大小时，结束蹲苗，开始追肥浇水。每公顷随水追施农家液态有机肥 4 500 千克或尿素 300 千克。第 2 穗果实膨大时喷 0.3%磷酸二氢钾。整枝用单干整枝法。第 1 穗果达到绿熟期后，摘除下面全部叶片。第 3 花序开花后，在花序上留 2 片叶摘心。上部发出的侧枝不摘除，以防下部卷叶。一般每果穗留 4～5 个果，大果型品种留 3～4 个果。

3. 春茬番茄栽培　进行春茬番茄栽培，必须选用具有较好的采光及保温性能的日光温室，同时，最好准备临时补充加温设备，以提高生产的安全性。日光温室春茬番茄栽培的适宜栽培品种基本与冬春茬栽培相同。播种期在 11 月中下旬，定植期在塑

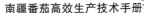
年的1月中下旬，收获期在2月下旬、3月上旬，约6月中下旬结束栽培。栽培方法参考日光温室春茬番茄栽培，需注意以下几点：

（1）育苗及苗期管理　这一茬番茄的育苗期已是冬初，在北纬40°以北的地区，要用温床或电热温床育苗。浸种催芽方法、播种方法和冬春茬栽培相同。播种后尽量提高温度，以促进出苗。当70%番茄出苗后，撤去覆盖在畦面上的地膜，白天保持25℃左右，夜间10～13℃。第1片真叶出现后提高温度，白天25～30℃，夜间13～15℃，随外界气温逐渐下降，应注意及时覆盖温室薄膜或在育苗畦上加盖小拱棚保温。当第2片真叶展开时进行移苗，移栽方法与冬春茬栽培相同；如采用营养钵育苗，应在幼苗长至5～6片叶时，拉大苗钵间的距离（图4-26），避免幼苗相互遮光，防止徒长。移栽缓慢后，在温室后墙张挂反光膜，改善苗床光照条件。定植前5天左右，加大防风量，除遇降温外，一般夜温可降至6℃左右。

（2）定植　春茬番茄的定植适宜苗龄为8～9片叶，现大蕾，约需70天。定植温室每公顷施腐熟有机肥75 000千克，深翻40厘米，掺匀肥、土，耙平畦面。按大行距60厘米、小行距50厘米开定植沟待播。定植株距28～30厘米，株间点施磷酸二铵每公顷600～750千克。每公顷保苗55 500～60 000株，覆盖地膜。

（3）定植后的管理　定植后，温室温度管理应以保温为主，不超过30℃不放风。缓苗后及时进行中耕培土，以提高地温。白天保持25℃左右，超过25℃即可通风。下午温度降到20℃左右时，关闭通风口（图4-27）。前半夜保持15℃以上，后半夜10～13℃。在定植水充足的情况下，于第1穗果坐住前一般不浇水，当其达到核桃大时，开始浇水施肥，每公顷随水施硝酸铵300～375千克。第2穗果膨大时再随水施入相同量的磷酸二铵。

第 3 穗果膨大时每公顷追施 300 千克硫酸钾。经常保持土壤相对含水量在 80% 左右。果实膨大期不能缺水，可隔 7～10 天选晴天浇 1 次水。浇水后加大通风量，降低温室湿度。春茬番茄采用单干整枝。若留 4 穗果，可在第 4 果穗以上留 2 片叶后摘心，自这 2 片叶叶腋中长出的侧枝应予保留。每穗留 3～4 个果。

图 4-26　拉大苗钵间距　　　　图 4-27　通风口关闭

4. 长季节番茄栽培　日光温室番茄长季节高产栽培既省种、省工，又可通过延长番茄的生长期和结果期，保证番茄的周年均衡供应。因此，长季节番茄栽培在提高温室利用率的同时还能增加经济效益，有较大的发展潜力。应选择跨度大，仰角高的日光温室或连栋温室。栽培方法参考日光温室春茬番茄栽培，需注意以下几点：

（1）品种选择　应选用连续结果能力强，耐低温、弱光，抗逆性强，抗病等品种。

（2）育苗　播种期在 7 月中旬至 8 月中旬为宜，一般不需分苗，苗龄 25 天左右即可定植。我国长江以北，高效节能温室面积较大，各地应根据当地当年的气候条件，选择具体的适宜播种期。一般来讲，北京以北的省份播种期以 7 月中、下旬或再适当提早几天为宜，北京以南的省份播种期可选在 7 月下旬或 8 月中旬。

采用育苗盘（钵）育苗。自播种至出苗，白天温度为 30～32℃，夜间 20～25℃。基质温度为 20～22℃。出苗至 2～3 片真叶期，白天保持 20～25℃，夜间 18～20℃，基质温度为 20～22℃。注意应用遮阳网调节光照和温度。苗期防止基质干旱，一般隔 3～5 天向基质喷 1 次水。

（3）整地施肥与定植　定植前清洁温室环境，深翻地 30 厘米，封闭温室进行高温灭菌。每公顷施入腐熟优质厩肥 150 米³。厩肥的 60% 结合翻地先行铺施，其余厩肥和鸡粪及复合肥沟施。沟上做畦，畦宽 60 厘米，高 10 厘米，畦间距 80 厘米。定植密度：行距 40 厘米，株距 31 厘米，每公顷保苗 45 000 株。

（4）定植后管理　定植后，外界气温较高，宜用小水勤浇以降低地温，一般每公顷灌水 105 米³ 左右；第 1 穗果直径达 4～5 厘米，第 2 穗果已经坐住后，进行催果壮秧，每公顷追施复合肥 225 千克，或随水追施尿素 150 千克，灌水量为 225 米³ 左右。以后每 7～10 天浇水一次，每公顷灌水 120～150 米³。10 月中旬后应控制浇水。

采用单干整枝，花期用 30～50 毫克/升防落素喷花保果，同时注意疏花、疏果，每穗留果 3～5 个。喷花后 7～15 天摘除幼果残留的花瓣、柱头，以防止灰霉病菌侵染。当茎蔓长至快接近温室顶部时，应及时往下落蔓，每次落蔓 50 厘米左右，将下部茎蔓沿种植畦的方向平放于畦面的两边（图 4 - 28），同一畦的两行植株卧向相反。

（5）采收期管理　在正常情况下，番茄果实可在 10 月下旬至 11 月上旬开始采收。越冬期注意防寒保温。阴天室内温度应比正常管理低 3～5℃。翌年 4 月气温逐步升高，应注意加大通风量，外界气温达 15℃ 时，应昼夜开放顶窗通风。进入 5 月后，进行大通风，并根据气温情况开始进行遮阳降温。进入 11 月后减少浇水量，每 20～30 天浇一次水，每公顷每次浇水

$150\sim225$ 米^3。翌年进入 4 月后，随着气温回升，应加大浇水量，一般 7 天左右浇一次，每公顷每次浇水 150 米^3 左右。自定植到采收结束，共计浇水 $20\sim25$ 次，每公顷总浇水量 $4\,500\sim5\,100$米^3。

图 4-28　下部茎蔓顺行平铺

（二）塑料大棚栽培技术

1. 春季早熟栽培

（1）品种选择　大棚番茄春季早熟栽培应选择抗寒性强、抗病、分枝性弱、株型紧凑、适于密植的早中熟丰产品种。其第1、2 穗果实数目较多，果型中等大小者对增加早期产量更为有利。

（2）播种育苗　塑料大棚春番茄北方多在日光温室育苗，也可以在温室播种出苗后移植（分苗）到小拱棚或大棚内成苗。南方多在塑料大棚内搭建小拱棚播种育苗。在大拱棚内育苗时，为了解决地温低的矛盾，多采用电热线育苗，可按 80 瓦/米^2 埋设电热线，效果很好。育苗方法参考日光温室春茬番茄栽培，但需注意以下几点：

①播种期确定。一般是 3 月下旬定植，应根据当地的定植期

来推算播种期。大棚春番茄定植时，要求幼苗株高 20 厘米左右，有 6～8 片叶，第 1 花序显蕾，茎粗壮、节间短、叶片浓绿肥厚，根系发达、无病虫害。按常规育苗方法，苗龄需 65～70 天，温床育苗 50～60 天，穴盘育苗只需 45 天，可由此推算播种期，以保证早熟和丰产。

②分苗。一般应在番茄幼苗 2 叶期分苗，此时第 1 花序开始花芽分化（图 4 - 29）。分苗的株、行距为 10 厘米×10 厘米，也可分入营养钵（图 4 - 30）。分苗应选择晴天上午进行，分苗时先向苗床浇水，然后将幼苗连根拔起，然后移栽，完成分苗。分苗后立即浇水，底水要充足。分苗后至缓苗前要保持白天 25～28℃，夜间 15～18℃。缓苗后白天 20～25℃，夜间 12～15℃。地温不低于 20℃，可促进根系发育。大棚番茄育苗时若配制的营养土比较肥沃，可以不必追肥，但可进行根外追肥，浓度为 0.2%～0.3% 的尿素和磷酸二氢钾喷洒叶面。若用电热线育苗，苗期需补充水分，但浇水量宜小不宜大，以免降低地温；若为冷床育苗，原则上用覆湿土的办法保墒即可。

图 4 - 29　达到分苗标准的苗

图 4 - 30　分苗移栽营养钵

（3）定植　塑料大棚番茄春早熟栽培的定植期应尽量提早，但也必须保证幼苗安全，不受冻害。要求棚内 10 厘米最低地温稳定在 10℃以上，气温 5～8℃，若定植过早，地温过低，迟迟不能缓苗，反而不能早熟。定植前应结合深翻地每公顷施入腐熟有机肥 75～105 吨，磷酸二铵 300 千克，硫酸钾 450～600 千克。栽培畦可以是平畦，畦宽 1.2～1.5 米。也可为高畦（南方多为高畦），畦高 10 厘米，宽 60～70 厘米。北方地区早春寒潮频繁，应选择寒潮刚过的"冷尾暖头"的晴天定植。定植密度一般早熟品种每公顷 75 000 株左右，中熟品种 60 000 株左右较为适宜。定植深度以苗坨低于畦面 1 厘米左右为宜。定植后立即浇水，并覆盖地膜。

（4）定植后管理

①结果前期管理。从定植到第 1 穗果膨大，关键是防冻保苗，力争尽早缓苗。定植后 3～4 天内不通风，白天棚温维持在 28～30℃，夜温 15～18℃，缓苗期需 5～7 天。缓苗后，开始通风，白天棚温 20～25℃，夜温不低于 15℃，白天最高棚温不超过 30℃，对番茄的营养生长和生殖生长都有利。定植缓苗后 10 天左右，番茄第 1 花序开花，这时要控制营养生长，促进生殖生长，具体措施是适当降低棚温，及时进行深中耕蹲苗。切忌正开花时浇大水，避免因细胞膨压的突然变化而造成落花。待到第 1 穗果核桃大小，第 2 穗果已经基本坐住，结束蹲苗，及时浇水追肥，水量要充足；灌水过早易引起生长失衡，植株过大郁蔽，影响果实发育和产量提高。早熟栽培多采用单干整枝，留 2～3 穗果摘心。每穗留花 4～5 朵，其余疏除。为保花保果，常用 2，4 - D 处理，浓度为 12～15 毫克/千克；也可用番茄灵 20～30 毫克/千克喷花，但一定不要喷在植株生长点上，否则易发生药害。每花序只喷 1 次，当花序有半数花蕾开放时处理即可。由沈阳农业大学研制的"沈农番茄丰产剂 2 号"是一种比较安全无害的生长调节剂，使用浓度为 75～100 倍液，每花序有 3～4 朵花开放时，用喷花或蘸花的方法处理（图 4 - 31）。

②盛果期与后期管理。

温度管理：结果期棚温不可过高，白天适宜的棚温为 25℃ 左右，夜间 15℃ 左右，最高棚温不宜高于 35℃，昼夜温差保持 10～15℃ 为宜。盛果期适宜地温范围为 20～23℃，不宜高于 33℃。盛果期要加大通风量，当外界最低气温不低于 15℃ 时，可昼夜通风不再关闭通风口（图 4-32）。

图 4-31　蘸花　　　　　　　　图 4-32　打开通风口

水肥管理：盛果期要保证充足的水肥，第 1 穗果坐住后，并有一定大小（直径 2～3 厘米，因品种而异），幼果由细胞分裂转入细胞迅速膨大时期，必须浇水追肥，促进果实迅速膨大。每公顷追施氮、磷、钾复合肥 225～375 千克。当果实由青转白时，追第 2 次肥，早熟品种一般追肥 2 次，中晚熟品种需追肥 3～4 次。盛果期必须肥水充足，浇水要均匀，不可忽大忽小，否则会出现空洞果、裂果或脐腐病。结果后期，温度过高，更不能缺水。大棚番茄在结果期宜保持 80％ 的土壤相对湿度，盛果期可达 90％。但总的灌水量及灌水次数较露地为少，灌水后应加强通风，否则因高温高湿易感染病害。

植株调整：大棚内高温、高湿、光照较弱，极易引起番茄营养生长过旺，侧枝多生长快，必须及时整枝打杈。在一年可种两茬的地方，春季早熟栽培，不主张多留果穗，以争取早熟和前期产量为主，争取较高的经济效益。高寒地区无霜期短，一年只种一茬，可以多留果穗，放高秧，以争取丰产。缚蔓（或吊蔓）随植株生长要不断进行，当第1穗果坐果后，要将果穗以下叶片全部摘除，以减少养分消耗，有利于通风透光。大棚春番茄常常出现畸形果、空洞果、裂果等现象，要注意预防。

2. 秋季延后栽培　塑料大棚秋季延后栽培的番茄，其产品弥补了露地番茄拉秧后的市场空缺，由于生产投入较低，栽培技术又不复杂，产量可达 30～45 吨/公顷，所以受到生产者的欢迎。大棚番茄秋季延后栽培主要在华北地区和长江流域的江苏、浙江等地较普遍。

（1）品种选择　大棚番茄秋季延后栽培针对前期高温、多雨、后期气温又急剧下降的气候特点，要求品种抗热又耐寒，抗病毒病的大果型中、晚熟品种。

（2）播种育苗　育苗方法参考日光温室春茬番茄栽培，但需注意以下几点：

大棚番茄秋延后栽培必须严格掌握其播种期，如播种过早，则因高温、多雨，使根系发育不良，易发生病毒病；如播种过晚，则生育期短，后期果实因低温不能充分发育影响产量。适宜的播种期，一般于当地初霜期前 100～110 天播种。华北地区多在 7 月上、中旬，长江中下游地区一般在 7 月下旬至 8 月上旬，高纬度地区在 6 月中下旬至 7 月初。育苗床要选地势高燥、排水顺畅的地块，苗床上要搭阴棚，可用遮光率 50%～75% 的黑色或灰色遮阳网（图 4-33），晴天于 10～16 时覆网遮阴降温，减轻病毒病发生。播种量为 450～600 克/公顷（直播的用种量多）。苗期管理的重点是降温、防雨、防暴晒、防蚜虫。出苗后若只间苗不分苗的，要及时间苗，防幼苗拥挤而徒长。若进行分苗，当幼苗长出 1～2 片叶时分苗，苗距 8～10 厘米见方。若幼苗弱小可喷施 0.3% 尿素和 0.2% 的磷酸二氢钾水溶液。移栽时的日历苗龄为 20～30 天，苗高 15 厘米左右，3～4 片叶。

图 4-33　黑色遮阳网

（3）定植　定植前进行整地，施肥、做畦，基肥用量为有机肥 75 吨/公顷，过磷酸钙 375～600 千克/公顷。秋延后栽培可做平畦，也可做小高畦。移栽宜选阴天或傍晚凉爽时进行，有利缓苗。定植后要立即浇水，水量要充足，2～3 天后浇 1 次缓苗水。缓苗后及时中耕。定植密度视留果穗数而不同，留 2 穗果的为 60 000～75 000 株/公顷，留 3 穗果的为 45 000～60 000 株/公顷。

（4）定植后管理

①结果前期管理。此时为夏末初秋，外界气温高、雨季尚未结束，应注意通风、防雨、降温。定植缓苗后随植株生长要及时支架、绑蔓（或吊蔓）、打杈，由于结果前期高温多湿，也易造成落花落果，可用生长调节剂处理，激素种类及处理方法同塑料大棚春早熟栽培，浓度切不可过高。每个花序留 3～4 个果。9 月中旬以后及时摘心。秋延后栽培结果前期浇水不宜过多，因温度高、土壤水分过大易引起徒长。在第 1 花序开花前及时浇 1 次大水，开花时控制浇水。第 1 穗果坐住后，及时浇水追肥，每公顷施硫酸铵 225～300 千克，或尿素 225 千克。

②结果盛期及后期管理。大棚番茄秋延后栽培全生长期只有100～110天，因此留果穗数只有2～3穗，进入9月下旬以后，气温逐渐下降，为保证果实发育成熟，要加强水肥管理。第2穗坐果后，每公顷再施尿素150千克或硫酸铵225千克，天气转凉后宜追有机肥。后期为防寒保温通风量大大减少，不能再进行浇水追肥，否则会因湿度太大而引发病害。当第1穗果膨大后，应将下部病枯黄老叶除去，有利通风和透光。9月中旬后白天保持25～28℃，夜间不低于15℃。进入10月中旬气温骤降，当外界夜温低于15℃时，夜间要关闭所有通风口，只在白天中午适当通风降湿。当最低气温低于8℃，要在大棚四周围草苫或在棚上间隔覆盖草苫防止冻害（图4-34）。

图4-34　覆盖草苫

（三）露地栽培

露地栽培是我国大部分地区番茄的主要栽培方式。露地栽培除了育苗需要保护设施或不用保护设施外，成株期在露地条件下生长发育，生产成本低，管理技术也相对简单，可大量满足人们夏、秋季食用需要，是为市场提供廉价产品的主要茬口，也是周年生产、四季均衡供应中重要的一环。

1. 春季露地栽培 在中国大部分地区（尤其是长江以北），春季露地栽培是番茄生产的主要形式。

（1）品种选择 春露地番茄栽培应选择高产、耐高温高湿、高抗病毒病、多茸毛和耐根结线虫的品种，要求早熟的还应选择中早熟或自封顶类型品种。

（2）育苗 培育壮苗是高产的关键，一般每 667 米^2 用种子 40～50 克，每平方米苗床播 6～7 克。如采用冷床育苗，育苗期早熟品种需 70～80 天，中晚熟品种需 80～90 天；而采用温床或温室育苗，则育苗期需要 60～70 天；华南地区（广州）小拱棚育苗需 45～50 天。育苗方法参考日光温室春茬番茄栽培。

（3）整地做畦 最好选 2～3 年没有种过茄科作物、疏松肥沃、排灌方便的地块，于冬前深翻 25～30 厘米，并于翻耕前每 667 米^2 施 5 000～6 000 千克有机肥作基肥，每 667 米^2 施二铵 15～20 千克，深翻均匀，耙平地面做好排灌水沟（图 4 - 35），按宽 50～60 厘米，高 10～15 厘米做高畦，方向以南北延长方向为好。

图 4 - 35 排水沟

（4）覆膜 一般采用 80 厘米宽的地膜进行覆膜，要求垄面平整，保证膜能紧贴地表以提高地温，抑制杂草，保水保肥（图 4 - 36）。

图4-36　覆膜

（5）定植　应在当地终霜期以后，10厘米深地温稳定在10℃以上时定植。注意克服春季低温、霜冻以及定植以后半个月内由于寒流造成的不稳定气候所引起的不良影响，要根据天气情况和自身的栽培条件选择合适的播种期和定植期。播期根据各地终霜时期而定，一般均在终霜过后定植，按定植期往前提70～100天即为播种日期。一般华北地区多在谷雨前后（4月中、下旬），东北、西北地区多在立夏至小满期间（5月），长江流域各地可提早至3月下旬，华南地区（广州）更可提早至立春到雨水期间（2月）定植。为保证安全生产夺高产，应充分利用保护地设施提前播种育苗，待终霜期过后，及时定植于露地，争取提早成熟采收上市，以获得较高的经济效益。

定植密度一般每畦2行，畦内小行距50～60厘米，大行距60～70厘米，株距35～40厘米。先刨穴，穴深8～10厘米，一般每667米² 种3 500～5 000株。定植最好选在无风晴朗的天气，可先栽苗后浇水，也可先浇水后栽苗，栽苗不要过深过浅，栽植深度以土坨和地表相平或稍深为宜。

（6）定植后的管理

①植株调整。露地番茄定植后，趁浇定植水后地松散时支架、中耕，保墒松土，提高地温，以利缓苗。一般用单干整枝，

即只留主茎生长，所有侧枝都在5～7厘米长时摘除（图4-37）。与果穗同节的侧枝特别旺盛，打顶一般在拉秧前50～60天（留有5～6层果）于花序上留2～3片叶摘除顶芽，以利留下的花果有充足的营养。

图4-37 摘除侧枝

②水肥管理。番茄定植后以中耕保墒为主，不干旱可不浇水，进行蹲苗。当第一穗果核桃大时，植株进入结果期，需水量逐渐加大，一般每5～7天浇一次水，沙质土气温高时要多浇，相反则少浇，以提高果实质量。番茄追肥视地力而定，一般在结果初期，结合浇水冲施速效化肥，每667米^{2}施用10～15千克，共2～3次，留4穗果以上的高架，要增加追肥次数。

③保花疏果。番茄在低温或高温季节，因授粉不良而落花，一般在每穗花序开花2～3朵时，喷25～30毫克/升的防落叶素溶液，每序花处理1次即可。鲜食大中果型品种一般每穗留3～4果，小型品种留5～6果，过多时要早疏除，以保证果实整齐，提高品质。

2. 越夏延秋露地栽培 一般在北纬40.5°～41.5°的地区，或海拔450～1 000米的中原丘陵、山区属夏季冷凉地区可进行越夏栽培。

（1）品种选择　应选择耐强光、耐潮湿、抗病性强、抗裂、耐贮运的中熟或中晚熟品种。

（2）育苗　育苗方法参考日光温室春茬番茄栽培，但需注意以下几点：由于冷凉地区无霜期短，为了有效利用露地适宜的生长条件，应提前在保护地育苗，在终霜过后立即定植，一般5月中旬定植，苗龄60天左右。因此，适宜播期是3月中旬。定植前一般在晴天中午10时之后揭膜通风，需要不断变换揭膜位置、逐渐扩大揭膜幅度，下午温度降低时再盖上，以低温炼苗来培育壮苗。

（3）定植　定植前深耕土地，施足基肥，可施入有机肥60吨/公顷、尿素75千克/公顷、过磷酸钙750千克/公顷、硫酸钾300千克/公顷。番茄是忌氯作物，不可用氯化钾代替硫酸钾。夏季多雨，为利于排涝，应选择地势较高、能排能灌的田块，并且不与茄科作物重茬，以免上茬残留病菌再次侵染致使番茄染病。应采取高垄定植，两扇地间设排水沟，南北成畦，这样有利于增加光照，避免畦内积水，改善群体生长环境。一般畦高15～20厘米，使主根在较深的土层中，减少土表温度的影响。苗龄30天左右、5片真叶、株高12～15厘米时即可定植。定植行距30厘米×60厘米，定植5.55万株/公顷左右，栽后浇送嫁水，2天后再浇1次。

（4）定植后管理

①整枝与疏花疏果。番茄定植返旺后，应插架绑秧，随着番茄的生长，不断培土，以增强抗倒伏的能力。要及时打杈，一般在侧枝长到5～7厘米时开始打杈，若已木质化，则留2叶摘心。可采用改良式单干整枝（图4-38），即在主干进行单干式整枝的同时，保留第一花序下面的第一个侧枝，待其结1～2穗果后留两片叶进行摘心。打杈晚，侧枝消耗养分过多，则影响第1花序坐果、主枝的生长和果实发育。之后见杈就打，对于生长势弱

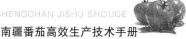
的品种应在侧枝 3～6 厘米时分批摘除，必要时在侧枝上保留1～
2 片叶摘心。如果是无限生长型，可在留足果穗后打顶。为了提
高番茄的商品性、生产优质果，每穗应保留适当个数的果实，以
利于番茄迅速长大，果实周正。一般第 1 果穗留果 2 个，以后每
穗留果 3 个，待到顶部长势衰败时，减少至 2 个或 1 个，具体情
况根据番茄长势而定。当第 1 穗果成熟时，植株生长正值旺盛时
期，容易形成植株间郁蔽，这时可以去掉老叶，当郁蔽时也可以
去掉果实周围的小叶，以便通风透光，增加光合作用。

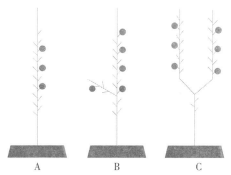

图 4-38　整枝方式
A. 单干整枝　B. 改良式单干整枝　C. 双干整枝

②保花保果。夏季高温，不利于番茄授粉受精，需用植物生
长调节剂保花保果。一般用番茄防落素保花。夏季高温蒸发严
重，使番茄防落素浓度增加。因此，番茄防落素应使用限度范围
内较低浓度的，以免形成药害。

③肥水管理。无论是育苗还是定植都要科学合理施肥，不
要偏施氮肥，以免高温徒长。如果徒长可喷 150 毫克/升的助
壮素控制。夏季雨水多，土壤养分流失严重，应施足基肥。在
施足基肥的基础上，一般应追肥 2～3 次。在第 1 果穗的果实
如核桃大小时追施 1 次，冲施硫酸铵 225～300 千克/公顷或尿

素 225 千克/公顷，硫酸钾 150 千克/公顷或番茄专用肥 600 千克/公顷，以满足植株的营养生长和果实发育的生殖生长需要，同时花期喷硼肥，以提高坐果率。之后在每穗果实开始膨大时，根据长势，适时追肥，适当增施有机肥。夏季高温，中午发现叶片发蔫时应适当补水。注意不要大水漫灌，有条件的可用滴灌、喷灌。当夏季土壤温度超过 33℃时，番茄根系停止生长，要注意浇水降温，并随浇随排，防止田间积水。施肥浇水时应避开花期，以免引起落花落果。

第五讲　采收与贮藏

番茄果实属于呼吸跃变型，呼吸跃变型果实采收之后，有自然后熟的过程，后熟的快慢除了与环境条件有关之外，同时还随着采收期的不同而异。随着采收成熟度的增加，果实的催熟进程加快，相应果实的品质变化也有很大的区别。如果过早采收，果实内的营养成分不能转化完全，影响了果实品质；如果过迟采收虽然当时鲜食的品质很好，但是对贮藏运输不利。番茄从开花到果实成熟，早熟种 40～50 天，中晚熟种 50～60 天。应根据需要适时采收和贮果催熟。

（一）采收

1. 采收期　番茄果实在成熟过程中可分为 5 个时期：①青熟期，果实基本停止生长，果顶发白，尚未着色。②转色期，果顶部由绿色转为淡黄色或粉红色。③半熟期，果实表面约有 50％着色。④坚熟期，整果着色，肉质较硬。⑤完熟期，肉质变软。番茄果实成熟的迟早及采收的日期，因栽培的季节、目的、运输的距离而异。用于中长期贮藏及远距离运输的果实应在绿熟期至变色期采收，用于短期贮运的果实可选择在红熟前期至红熟中期采收。

2. 采收方法　主要包括人工采收和机械采收两种方式（图 5-1 和图 5-2）。采收前 3～7 天不宜灌水，遇雨天应推迟采收时间。采收时间应在当天气温较低、无露水时进行；采收宜选择植株中、上部着生的果实；采收时不要扭伤果柄，用番茄剪沿果柄根部轻轻剪下，果柄不要露出果面，轻摘轻放，避免机械伤害。采收用提篮要求干净卫生，无污染，用布或其他比较软的物品垫在提篮底部。

图5-1　人工采收

图5-2　机械采收

3. 采后处理

（1）分级　在阴凉、通风、清洁的环境中，将番茄按不同品种、等级（表5-1）、大小进行分级包装（图5-3和图5-4）。

图5-3　人工分级

图5-4　机械分级

（2）包装　外包装宜选用瓦楞纸箱或塑料周转箱，内包装可采用0.01～0.015毫米厚的低密度聚乙烯膜垫衬覆盖包装或蜡纸单果包装。同一包装箱内，为同一产地、品种、等级的产品，产品整齐排放，果柄朝下，视体积大小，码放2～3层，层与层之间加以衬板，果与果之间可选择性加垫十字隔层防挤压。采用瓦楞纸箱外包装时，箱体两侧应留2～4个直径为1.5～2厘米的气孔；采用塑料周转箱外包装时，箱底及四周应内衬专用纸。包装箱规格便于番茄的装卸、运输，可摆放番茄最大重量宜在20千克以内。

表 5-1　番茄分级要求

等级	品质要求	规格参数	限　　度
一等	1. 果形、色泽良好，果皮光滑、新鲜、清洁、硬实、成熟度适宜，整齐度高； 2. 无烂果、过熟、日伤、褪色斑、疤痕、雹伤、冻伤、皱缩、空腔果、畸形果、裂果、病虫害及机械伤	1. 特大果：单果重≥200克 2. 大果：单果重 150～199 克 3. 中果：单果重 100～149 克 4. 小果：单果重 50～99 克 5. 特小果：单果重<50 克	品质两项不合格个数之和不得超过 5%，其中软果和烂果之和不得超过 1%；规格不合格个数不得超过 10%
二等	1. 果形、色泽较好，果皮较光滑、新鲜、清洁、硬实、成熟度适宜，整齐度尚高； 2. 无烂果、过熟、日伤、褪色斑、疤痕、雹伤、冻伤、皱缩、空腔、畸形果、裂果、病虫害及机械伤	1. 大果：单果重≥150克 2. 中果：单果重 100～149 克 3. 小果：单果重 50～99 克 4. 特小果：单果重<50 克	品质两项不合格个数之和不得超过 10%，其中软果和烂果之和不得超过 1%；规格不合格个数不得超过 10%
三等	1. 果形、色泽尚好，果皮清洁、不软、成熟度适宜 2. 无烂果、过熟、无严重日伤、大疤痕、畸形果、裂果、病虫害及机械伤	1. 大中果：单果重≥100克 2. 小果：单果重 50～99 克 3. 特小果：单果重<50 克	品质两项不合格个数之和不得超过 10%，其中软果和烂果之和不得超过 1%；规格不合格个数不得超过 10%

（3）预冷　采后要及时预冷，主要分为自然冷源预冷或冷库机械冷风预冷两种方式。要求将分级包装番茄顺着冷风堆码成排，堆码时须轻卸、轻装，严防压伤，箱底层垫 10～15 厘米枕

木，码放 4～6 层高，箱间要留 3～5 厘米空隙，排与排的间隙 20 厘米。箱与墙的间隙 20 厘米，箱与风机的距离≥1.5 米。每次预冷量不超过冷库容量的 60%。预冷温度 12℃，由于番茄的自然后熟速度很快，果实采后应在 12 小时内迅速将产品温度预冷至贮藏温度。预冷包装后的番茄应尽快运销，不能及时运销时应在适宜贮藏条件下短期贮藏。

（二）贮藏

1. 贮藏条件　温度 8～10℃，相对湿度 85%～90%，贮藏期限最长不宜超过 7 天。

2. 贮藏场所　一般选用阴凉、通风的贮藏间或冷库（图 5-5），严防暴晒、雨淋、高温、冷害及有毒物质、病虫害的污染。贮存前对库房进行清扫和消毒，消毒处理后需及时进行通风换气。

图 5-5　番茄贮藏

3. 入库　非制冷贮藏在早晚温度较低时将包装产品分配分期入库，入库量每次不宜超过库容量的 30%，等温度稳定后再入第二批；机械冷藏应在产品降至贮藏温度时入库。非制冷贮藏可选用散堆或码垛堆放方式；机械冷藏可选用码垛堆放或货架堆放。堆码方式要合理，利于空气流通，方便管理。

非控温运输应用篷布（或其他覆盖物）覆盖，并根据天气状况，采取相应的防热、防冻、防雨措施，防止温度波动过大。若是控温运输，控制车内温度 8～10℃。运输车辆要求清洁、卫生，运输要求轻装轻卸、快装快运、装载适量、运行平稳、严防损伤。半熟期番茄运输期限不宜超过 5 天，果面已全部转红番茄不宜长时间运输。

4. 贮果催熟 为了促进番茄成熟，增加果实的成熟度，提高其商品价值，生产者常进行人工催熟。

（1）加温处理 将要催熟的番茄堆放在温度较高的地方，如室内、温床、温室等，促其成熟。此法可比自然状态下提早红熟 2～3 天。催熟的适宜温度为 25～30℃，相对湿度为 85%～90%。采用加温催熟虽简单易行，但也存在果色不均、色泽不鲜、缺乏香味、味酸、催熟时间长等缺点。另外，温度高时容易造成番茄凋萎、皱缩及腐烂等。

（2）乙烯利催熟 乙烯利催熟有两种方法：一是在植株上直接进行，用 500～1 000 毫克/千克乙烯利喷果，果实色泽品质较好，但较费工。在植株上喷洒时，为避免引起黄叶及落叶，尽量避免喷到叶面上，可以用毛笔蘸取较高浓度（2 000 毫克/千克或以上）的乙烯利涂抹在果柄或果蒂上，也可涂抹在果面上。另一种方法是将果实连同果柄一同摘下来，在 2 000～3 000 毫克/千克乙烯利溶液里浸泡 1～2 分钟，取出后将果实堆放在温床内，保持床温 20～25℃，并适当通风，防止床内湿度过大而引起腐烂。经过 5～6 天处理后，果实随即转红，再去掉果柄，供应市场。催熟时要轻拿轻放，尽量避免损伤果实。病果、虫果应尽早剔除。此方法成本低，省工，可提早 5～7 天红熟。

（三）贮藏病害及防治

1. 常见贮藏病害 番茄贮藏过程中常发生各种病害（表 5-

2)，导致商品性下降，造成经济损失。番茄贮藏病害可分为侵染性病害和非侵染性病害两类，前者是由病原菌侵染引起的，后者主要是因贮运条件不当所致。其中尤以侵染性病害造成的损失最为严重，占损失的 70%～90%。

表 5-2　常见贮藏病害

病害类型	常见贮藏病害	症　状
侵染性病害	番茄根霉果腐病	病菌从果柄切口或机械损伤处侵入，起初感病部位不变色，果皮起皱褶，表面长出灰白色纤维状菌丝，并带有灰黑色小球状孢子囊，严重时整个果实软烂，汁液溢流。该病易通过病健果接触传染（图 5-6 和图 5-7）
	番茄红粉病	病斑主要出现在果实端部呈褐色或深褐色水渍斑（不凹陷）；湿度大时病斑初期布满致密的白色霉层，后转为浅粉红色绒状霉层逐渐腐烂（图 5-8 和图 5-9）
	番茄灰霉病	此病多发生在果肩部位，病部果皮呈水渍状，皱缩，上面滋生灰绿色霉层。该病在空气相对湿度 90% 以上高湿状态下易发病（图 5-10）
	番茄早疫病	青果熟果都能感染该病。一般从萼片附近的裂纹或外伤的地方感病，病斑水渍状，褐色，严重时全果腐烂，长出黑色绒状霉层（图 5-11）
	番茄酸腐病	半熟或成熟果实均易受害。感病后，果肉组织变软，高湿条件下，病部常常开裂，果实表面或裂缝中生出白霉，同时常引起细菌性软腐病菌侵入，加速果实腐烂（图 5-12）
非侵染性病害	低温伤害	低温伤害是由 0℃ 以下的不适温度造成的生理障碍。在冷害温度下贮藏温度越低，持续时间越长，冷害症状越严重。常见症状是果面上出现凹陷斑点、水渍状病斑、萎蔫，果皮、果肉变褐，风味变劣，出现异味甚至臭味。有时在低温下症状不明显，移到常温后很快腐烂

（续）

病害类型	常见贮藏病害	症　状
非侵染性病害	气体伤害	适宜的低 O_2 和高 CO_2 浓度能延长番茄贮藏时间。过低 O_2 或过高 CO_2 浓度常会造成生理伤害。长期缺氧时，果实就会产生并积累酒精，变软腐烂。高 CO_2 浓度会使果实表面产生褐色斑点，严重时下陷形成麻皮果，果肉组织腐烂坏死
	药害	在使用漂白粉或仲丁胺消毒防腐时，用量过大会导致番茄果实药害，腐败变质

图 5-6　果实上长出白色菌丝

图 5-7　果实上的灰黑色孢子囊

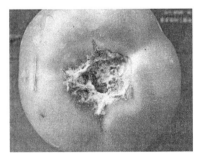

图 5-8　果实端部症状

图 5-9　果实切开内部症状

图 5-10 果实上滋生灰绿色霉层

图 5-11 果实裂伤感染

图 5-12 果肉组织变软

2. 防治技术 采前田间带病、采后机械损伤、不当温湿度造成的生理失调等都会促成贮藏期间病害发生。病害的防治应采用选择抗病耐贮品种、加强田间卫生管理、适期采收和适当药剂处理等综合措施。多数番茄采后病害和田间病害是同一个病原菌。可在番茄采前 15 天喷一次 75% 百菌清可湿性粉剂 500 倍液，或使用 50% 苯菌灵可湿性粉剂 1 500 倍液，结合 1∶1∶200 波尔多液等药剂进行防治，能够有效控制番茄采后果腐病的发生。用于装卸的筐箱、工具、冷库等都需进行消毒。

第六讲　病虫害防治

（一）病害

1. 番茄猝倒病

【症状】番茄出苗后发病，常在幼苗2～3片真叶期发病，此时幼苗的茎部皮层尚未木栓化。病菌先侵入近地面的幼茎基部，产生水渍状病斑，而后变为暗褐色（图6-1），继而绕茎扩展，茎逐渐缢缩成细线状，病株随即倒伏死亡，但此时幼苗的子叶或幼叶尚未凋萎仍呈绿色，故此得名"猝倒病"（图6-2）。幼苗一旦染病，可快速向四周蔓延，引起成片幼苗倒伏、死亡；潮湿时，被害部位产生白色絮状菌丝。该病的显著特点是病苗倒伏时植株仍为绿色。

图6-1　暗褐色病斑

图6-2　病株倒伏

【防治方法】

（1）育苗基质处理　育苗床土可用威百亩熏蒸，即用32.7％威百亩水剂60倍液喷洒苗床，并用薄膜覆盖严实，7

天后撤膜，并松土 2 次，充分释放药气后播种；也可喷洒 3%精甲·噁霉灵水剂 800～1 200 倍液。应用穴盘或营养钵育苗时，每立方米营养土或者基质加入 30%噁霉灵水剂 150 毫升，或 54.5%噁霉·福美双可湿性粉剂 10 克，充分混匀后育苗。在土壤中添加 0.5%或 1%的甲壳素，或施用稻壳、蔗渣、虾壳粉等土壤添加剂，均可提高幼苗的抗病性，减轻发病。

（2）种子处理　种子用 50℃温水消毒 20 分钟，或 70℃干热灭菌 72 小时后催芽播种；或用 35%甲霜灵拌种剂按种子重量的 0.6%拌种；也可用 72.2%霜霉威水剂 800～1 000 倍液，或 68%精甲霜·锰锌水分散粒剂 600～800 倍液、72%霜脲·锰锌可湿性粉剂 600～800 倍液浸种 0.5 小时，再用清水浸泡 8 小时后催芽或直播。

（3）加强苗床管理　选择避风向阳高燥的地块做苗床，既有利于排水、调节床土温度，又有利于采光、提高地温。苗床或棚室施用经酵素菌沤制的堆肥，减少化肥及农药施用量。齐苗后，苗床或棚室内的温度白天保持在 25～30℃，夜间保持在 10～15℃，以防止寒流侵袭。苗床或棚室湿度不宜过高，连阴雨或雨雪天气或床土不干时应少浇水或不浇水，必须浇水时可用喷壶轻浇；当塑料膜、玻璃面或秧苗叶片上有水珠凝结时，要及时通风或撒施草木灰降湿。

（4）药剂防治　一旦发现病株应立即拔除，并及时施药。药剂可选用 68%精甲霜·锰锌可湿性粉剂 600～800 倍液，或 3%甲霜·噁霉灵水剂 800 倍液＋65%代森锌可湿性粉剂 600 倍液、25%吡唑醚菌酯乳油 2 000～3 000 倍液＋75%百菌清可湿性粉剂 600～1 000 倍液、69%烯酰·锰锌可湿性粉剂 1 000 倍液、15%噁霉灵水剂 800 倍液＋50%甲霜灵可湿性粉剂 600～1 000 倍液等，均匀喷雾，视病情每隔 7～10 天喷 1 次。

2. 番茄立枯病

【症状】从刚出土的小苗直到定植后的大苗都会发生立枯病。通常是幼苗出土后开始发病，土壤中的立枯病菌首先侵入幼苗近地面的根颈部，产生椭圆形、暗褐色的坏死斑点（图6-3），受害幼苗白天轻度萎蔫，夜晚恢复，随后病部逐渐凹陷和扩展，当病斑绕茎一周时，病部缢缩，幼苗逐渐干枯，直至植株直立死亡而不倒伏（图6-4和图6-5）。定植后，当空气和土壤潮湿时，病部长出稀疏、淡褐色的蛛丝状菌丝体，后期形成菌核。番茄幼苗病程发展比较缓慢，从发病到死亡通常为5～6天，甚至10多天。

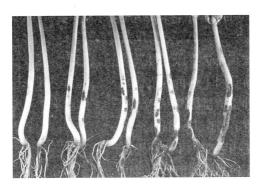

图6-3 茎部病斑

图6-4 植株直立死亡

图6-5 田间症状

温馨提示

　　番茄猝倒病与番茄立枯病的症状容易混淆，可从以下几点加以区分：①猝倒病幼苗尚未完全萎蔫和绿色时即倒伏在地，立枯病幼苗在枯死后仍然直立；②在湿度大时，猝倒病苗在幼茎被害部及周围地面产生白色絮状物，而立枯病则产生浅褐色蛛丝网状霉层；③猝倒病一般发生在 3 片真叶之前，特别是刚出土的幼苗最易发病，而立枯病则发生较晚。此外，猝倒病与生理性沤根也有相似之处。但沤根多是由低温、积水引起。沤根常发生在幼苗定植后，如遇低温、阴雨天气，根皮呈铁锈色腐烂，基本无新根，地上部萎蔫，病苗极易被拔起，严重时成片幼苗干枯。

　　【防治方法】重点抓好土壤或基质消毒、苗期水肥管理和施用药剂等环节。

　　（1）适期播种，培育壮苗　根据当地气候条件，因地制宜地确定适宜的播种期，避开不良天气。培育壮苗是预防立枯病的有效措施，将传统母床育苗改进为营养钵（营养袋、营养穴盘）育苗或基质漂浮育苗（为工厂化育苗所用）。营养土育苗可有效提高成苗率。

　　（2）加强苗床管理　应避免连作，实行 3 年以上轮作。幼苗出土后加强通风透光、合理浇水施肥和及时调节温湿度等，避免苗床温湿度过高，并加强幼苗锻炼，防止幼苗嫩弱徒长。一般要求苗床温度在 25℃ 左右，不要低于 20℃，也不高于 30℃。育苗床土应进行消毒处理，可用 25％甲霜灵可湿性粉剂，或 70％代森锰锌可湿性粉剂，或 50％多菌灵可湿性粉剂等，每 100 克药剂加 5 千克细干土，充分拌匀后制成药土。施药前先将苗床浇透底水，待水下渗后先将 1/3 药土均匀撒施在苗床上，播完种后再把其余 2/3 药土覆盖在种子上面。

（3）种子处理　可直接使用带有包衣的种子商品。或者选用75％代森锰锌可湿性粉剂、50％多菌灵可湿性粉剂、70％噁霉灵可湿性粉剂、70％甲基硫菌灵可湿性粉剂、40％百菌清可湿性粉剂等药剂的 15 倍液拌种，晾干后播种；也可选用 2.5％代森锰锌悬浮种衣剂 12.5 毫升、3.5％甲霜灵悬浮种衣剂 30 毫升、45％克菌丹悬浮种衣剂 3～5 克、3％苯醚甲环唑悬浮种衣剂 0.5～1 毫升，对水 50 毫升，再与 5 千克种子搅拌混匀，晾干后播种。

（4）药剂防治　苗床初现萎蔫症状时，应及时拔除并施药防治。可选用 70％甲基硫菌灵可湿性粉剂 800 倍液，或 50％多菌灵可湿性粉剂 500 倍液、20％甲霜灵可湿性粉剂 1 200 倍液、40％百菌清可湿性粉剂 800 倍液、43％戊唑醇悬浮剂 3 000 倍液、50％异菌脲可湿性粉剂 800～1 000 倍液、3％多抗霉素水剂 500～1 000 倍液等药剂，间隔 7～10 天喷洒 1 次，连续喷洒 2～3 次。当猝倒病和立枯病混合发生时，可与防治猝倒病的药剂混合施用。苗床发病时，既要对整个苗床进行普遍喷药，又要对发病中心进行重点防治，即将整个幼苗和根系土壤充分淋透。露地苗床若在施药后 3 天内遇雨，应在雨停后 1 天补喷。

3. 番茄早疫病

【症状】该病主要为害叶片，也可为害叶柄、茎和果实等部位。叶片被害，最初呈深褐色或黑色、圆形至椭圆形的小斑点（图 6-6 和图 6-7），逐渐扩大后成为直径 1～2 厘米的病斑，病斑边缘深褐色，中央灰褐色，具明显的同心轮纹，有的边缘可见黄色晕圈（图 6-8 和图 6-9）。潮湿时病斑表面生有黑色霉层，即病菌的分生孢子梗和分生孢子。病害常从植株下部叶片开始发生，逐渐向上蔓延，严重时病斑相互连接形成不规则的大病斑，病株下部叶片枯死、脱落（图 6-10）。叶柄也可发病，形成轮纹斑。茎部病斑多在茎部分枝处发生，灰褐色，椭圆形，稍凹陷，具有同心轮纹，但轮纹不明显，发病严重时病枝断折（图 6-11）。果实上病斑多发生在蒂部附近和有裂缝之处，圆形或近圆形，黑褐色，稍凹陷，也具有同心轮纹，为害严重时，病果常提早脱落（图6-12和图6-13）。在潮湿条件下，各受害部位均可长出黑色霉状物。

图6-6　叶片正面病斑

图6-7　叶片反面病斑

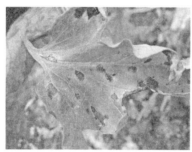

图6-8　病斑边缘黄色晕圈

图6-9　病斑具有明显的轮纹

图6-10　植株下部叶片被害状

图6-11　植株茎部病斑

图 6-12　果实症状（1）　　　图 6-13　果实症状（2）

【防治方法】

（1）种子处理　选用无病种子，若种子带菌，则可用 52℃ 温水浸种 30 分钟，取出后在冷水中冷却；也可用 2% 武夷菌素水剂 150 倍液浸种处理，或 1% 福尔马林溶液浸泡种子 15～20 分钟，取出后闷种 12 小时；或用 50% 克菌丹可湿性粉剂按种子重量的 0.4% 拌种。

（2）加强栽培管理　苗床采用无病新土；重病田与非茄科作物轮作 2～3 年；施足基肥，适时追肥，增施钾肥，做到盛果期不脱肥，提高寄主抗病性；合理密植，及时绑架、整枝和打底叶，促进通风透光；及时清除病残枝叶和病果，结合整地搞好田园卫生，减少菌源。露地番茄特别要做到雨后及时排水。

（3）变温管理　早春晴天上午晚放风，使棚温迅速增高，当棚温升到 33℃ 时开始放风，使棚温迅速降到 25℃ 左右；中午加大放风量，使下午温度不低于 15℃，阴天打开通风口换气。

（4）药剂防治　对于连年发病的温室、大棚，在定植前密闭棚室后，按每 100 米³ 用硫黄 0.25 千克和锯末 0.5 千克，混匀后分几堆点燃熏烟 12 小时；或每 667 米² 用 45% 百菌清烟剂 11 克熏烟。幼苗定植时，先用 1：1：300 倍的波尔多液喷施幼苗，然后再定植，既可节省药液和时间，又有较好的预防作用。定植后，每隔 7～10 天再喷药 1～2 次。保护地可喷撒 5% 百菌清粉

尘剂，每 667 米^2 用药 0.67～1 千克，间隔 9 天，连续喷撒 3～4
次；或用 45％百菌清或腐霉利烟剂，每 667 米^2 用药 11～13 克
熏烟。露地栽培可喷洒 25％丙环唑乳油 4 000 倍液，或 10％苯
醚甲环唑水分散粒剂 1 000 倍液、70％甲基硫菌灵可湿性粉剂
700 倍液、50％异菌脲可湿性粉剂 1 000 倍液等，7～10 天喷药 1
次，注意轮换交替使用农药。

4. 番茄叶霉病

【症状】番茄叶霉病主要为害叶片，严重时也可侵染茎和花，
但很少侵染果实。病害多从植株中、下部叶片开始发生，逐渐向
上扩展蔓延，后期导致全株叶片、枯萎、脱落。叶片受害初期，
在叶片正面出现不规则形或椭圆形、淡绿色或浅黄色的褪绿斑
块，边缘界限不清晰（图 6 - 14），之后病部背面产生绒毯状霉
层，严重时叶片正面也可生出霉层。霉层初起时为白色至淡黄
色，后逐渐转为深黄色、褐色、灰褐色、棕褐色至黑褐色不等
（图 6 - 15）。发病严重时，数个病斑常连接成片，叶片逐渐干枯
卷曲（图 6 - 16）。花部受害，花器凋萎或幼果脱落。偶有果实
发病，多在果实蒂部形成黑色圆形凹陷病斑，果实革质硬化，不
能食用。病部均可产生大量灰褐色至黑褐色霉层。

图 6 - 14 叶片正面症状

图 6-15　叶片背面症状

图 6-16　叶片干枯卷曲

【防治方法】

（1）种子处理　选用无病种子，若种子带菌，用 52℃温水浸种 30 分钟，取出后在冷水中冷却；或用硫酸铜 1 000 倍液浸种 5 分钟，或用高锰酸钾 500 倍液浸种 30 分钟，或用 2%武夷菌素水剂 100 倍液浸种 60 分钟，取出种子后用清水漂洗 2～3 次，然后晾干催芽播种；或用 50%克菌丹可湿性粉剂按种子重量的 0.4%拌种。

（2）加强栽培管理　采用无病土育苗和地膜覆盖栽培；增施磷、钾肥，病田合理控制灌水，提高植株抗病性；重病田可与非寄主作物轮作 2～3 年，以降低土壤中菌源基数；收获后深翻，清除病残体；定植前空棚时，用硫黄熏蒸进行环境消毒，按每 100 米³用硫黄 0.25 千克和锯末 0.5 千克，混合后分几堆点燃熏蒸 24 小时。

（3）高温闷棚　病害严重时，采用高温闷棚的方法，温度 35～36℃持续 2 小时，可有效抑制病情发展。保护地番茄应科学通风，前期搞好保温，后期加强通风，降低棚室内湿度，夜间提高室温，减少或避免叶面结露。

（4）药剂防治　防治的关键期是发病初期，可用 70%甲基硫菌灵可湿性粉剂 800 倍液、70%代森锰锌可湿性粉剂 500 倍液、50%敌菌灵可湿性粉剂 500 倍液、70%百菌清可湿性粉剂

600 倍液、65％甲硫·乙霉威可湿性粉剂 1 000 倍液、50％异菌
脲可湿性粉剂 1 000 倍液、40％氟硅唑乳油 8 000～10 000 倍液
等喷雾。保护地番茄可每 667 米² 用 45％百菌清烟剂 200～250
克熏蒸；也可每 667 米² 喷撒 5％百菌清粉尘剂 66 克，每隔 8～
10 天喷撒 1 次，根据病情连续或交替轮换施用，可有效控制
病害。

5. 番茄枯萎病

【症状】番茄枯萎病发病初期仅茎的一侧自下而上出现凹陷，
使一侧叶片发黄、变褐后枯死，有的半个叶序或半边叶片发黄
（图 6 - 17），病株根部变褐；湿度大时，病部产生粉红色霉层，
即病菌的分生孢子梗和分生孢子；剖开病茎，可见维管束变黄褐
色（图 6 - 18 和图 6 - 19）。此外，番茄枯萎病具有潜伏侵染现
象。通常田间幼苗有很高的带菌率，但这些带菌幼苗并不全部表
现症状，而是在具备适宜的条件时才发病，这就是田间的大多数
植株在开花结果期，并遇到高温潮湿的天气才表现出典型症状的
原因（图 6 - 20）。

图 6 - 17　一侧叶片发黄　　　　图 6 - 18　茎部变褐

图6-19　剖开茎部维管束变褐　　　图6-20　结果期发病

【防治方法】

（1）合理轮作　避免连作，提倡轮作倒茬，可与非茄科蔬菜（如葱、蒜等）实行3年以上轮作，有条件的地方推行水旱轮作，效果很好。

（2）改善育苗方式　选用无病土育苗，或采用育苗盘或营养钵育苗，可减少因分苗造成的伤口。

（3）高温消毒　收获后深耕翻晒土壤，利用太阳高温和紫外线杀死部分病菌；在夏季晴天，收获后深耕、灌水、铺地膜，在晴天强光下可使膜内温度达70℃，消毒5～7天，保护地栽培还可同时密闭棚室进行闷棚，提高棚室内土温更利于消毒。也可在翻耕前每公顷撒600～750千克生石灰，以增强消毒效果。

（4）种子处理　播种前用52℃温水浸种30分钟；也可将干燥种子放在70～75℃的恒温中处理72小时。或在播种前，用50%多菌灵可湿性粉剂300倍液浸种1小时，或用0.4%硫酸铜溶液浸种5分钟，还可用种子重量0.3%～0.5%的50%克菌丹可湿性粉剂，或用50%福美双可湿性粉剂、50%苯菌灵可湿性粉剂进行拌种。

（5）药剂防治　定植后至开花结果初期是病菌侵染时期，即使没有发现症状也要定期灌药预防；田间初现病株更需防治，可选用50%多菌灵可湿性粉剂500～1 000倍液，或50%琥胶肥酸铜可湿性粉剂 400 倍液、50%苯菌灵可湿性粉剂 500～1 000 倍液等，每株灌药 300 毫升，隔 10 天灌 1 次，连灌 2～3 次；或选用 10%多抗霉素可湿性粉剂 100 倍液灌根，每株灌 500～1 000 毫升。对未发病的植株要进行施药保护。生长后期可以选用 30%苯甲・丙环唑乳油 3 000 倍液喷施。

6. 番茄晚疫病

【症状】番茄晚疫病在整个生育期均可发生，可为害番茄幼苗（图 6-21）、叶片、茎和果实。叶部发病多从叶尖或叶缘处开始发病（图 6-22），发病初期叶面出现暗绿色水浸状不规则病斑，似开水烫伤，之后病斑扩大变为褐色。叶背症状一般为水浸状，除叶脉呈褐色，叶背其他发病部位变色不明显（图 6-23）。湿度大时，叶片背面病、健交界处长出白色霉层（即孢子囊梗和孢子囊）（图 6-24），发病严重时叶面也会出现白色霉层，许多病斑相连可使叶片霉烂变黑，向叶柄扩展，导致叶柄折断。茎秆染病也出现褐色水浸状病斑，病斑稍凹陷，不规则形或条状，扩展边缘不规则（图 6-25），严重时环茎一周，湿度大时出现稀疏白色霉层（图 6-26），茎秆腐烂易折断，输送养分通道被阻，导致被害部位以上植株枯萎，严重时全株焦枯、死亡（图 6-27）。果实染病多发生在青果期，发病部位可为果柄、萼片和果实（图 6-28）。发病初期为油浸状浅褐色斑，发病部位多从近果柄处开始，逐渐蔓延，引起萼片发病，并向果实四周扩展呈云纹状不规则病斑，病斑边缘没有明显界限，发病果实的病部表面粗糙，果肉质地坚硬，扩展后病斑呈暗棕褐色，湿度大时病斑边缘长出稀疏白色霉层。发病严重的果实病部出现条状裂纹，有油状液滴浸出。病原菌也可以从果脐侵染（图 6-29），侵染后呈不规则褐色水渍状病斑向四周扩展。病果受害，病原菌向果实内部蔓延，切开后可见果肉褐化，但腐败组织保持相当弹性，不软化、水解。病原菌除侵染青果外，也可以侵染成熟果实

（图 6-30）。成熟果实发病症状与青果相似。发病时若气温升高、湿度降低，则病斑停止扩展，病部产生的白色霉层消失，病组织干枯，质脆易碎。

图 6-21　幼苗被害

图 6-22　叶尖及叶缘处发病

叶脉褐色

图 6-23　叶片背部症状

图 6-24　叶背长出白色霉层

图 6-25　茎部褐色水渍状病斑

图 6-26　茎部的白色霉层

图6-27　植株枯萎

图6-28　从萼片开始发病的青果

图6-29　从果脐开始发病的青果

图 6-30　成熟果实被害

【防治方法】

（1）改善栽培环境　番茄晚疫病属于低温高湿病害，因此，可以通过控制塑料棚、温室中的温、湿度来缩短结露时间，从而预防晚疫病的发生。在冬春季栽培中，当昼夜温度为 10～25℃、湿度变化范围为 75%～90%，有利于番茄晚疫病发生时，可采取放风降湿、提高温度的方法防止病害发生。一般于晴天上午温度上升到 28～30℃时开始放风，保持温度在 22～25℃，以利于降湿。当温度降到 20℃时应及时关闭通风口，以保证夜温在 15℃以上，减少结露量和缩短结露时间。

（2）消除菌源　及时清理田间病残体，减少初始菌源量，能够有效地控制番茄晚疫病流行，降低经济损失。在发病初期摘除病叶、病果，摘除时可用塑料袋罩住病残体，以防止病原菌飞散造成再次侵染。发病严重时可以大量摘除中上部发病叶片，降低菌源量，同时结合药剂防治，可以取得较好的防治效果。

（3）药剂防治　防治番茄晚疫病应尽可能早防治，并注意及时通风排湿，结合使用烟剂。为避免产生抗药性，注意施药时几种药剂交替使用或混合使用，有利于提高防效。但混合使用要注意药剂间的性质，以免影响效果或产生药害。当叶柄和茎秆感染晚疫病后，可用72%霜脲·锰锌可湿性粉剂150倍液或58%甲霜·锰锌可湿性粉剂150倍液涂抹发病部位，同时结合摘除病叶。发病初期或未发病前，每667米²用3%多抗霉素可湿性粉剂360～480克对水75升（即稀释150～200倍液），喷雾防治，每隔5～7天防治1次，根据发病情况连续施药2～4次，施药时注意叶片正、背面均匀施到；或用72%霜脲·锰锌可湿性粉剂550～650倍液、68%精甲霜·锰锌可分散粒剂600～750倍液、58%甲霜·锰锌可湿性粉剂500～800倍液、10%氰霜唑悬浮剂1 100～1 500倍液、70%丙森锌可湿性粉剂300～400倍液进行喷雾防治，每隔7～10天防治1次，根据病情连续施药3～4次。小苗喷药量酌减。也可在发病初期施用45%百菌清烟剂，老棚或重茬棚应在发病前开始施药，每次施药在傍晚盖帘前，全部点燃后密闭大棚，次日早晨打开大棚通风。每次每667米²用药200～250克，每隔5～7天施药1次，连续4～5次。使用烟剂要注意安全，次日待通风后方可进入大棚从事日常管理。

7. 番茄溃疡病

【症状】番茄溃疡病是细菌性维管束病害，感染番茄溃疡病菌的植株既可以表现出局部症状，也可表现系统症状。

病原菌一般从叶缘侵入，初期叶边缘会出现病斑，褐色并伴有黄色晕圈（图6-31），病斑颜色逐渐加深变为黑褐色，且逐渐向内扩大，导致整个叶片黄化，似火烧状（图6-32）；当病原菌从叶面上直接侵染时会出现向下凹陷的褐色小斑点，病斑近圆形至不规则形（图6-33和图6-34）。成株期发病，一般是下部叶片首先表现症状，并逐渐向顶端蔓延，病害严重发生时引起全株性叶片干枯（图6-35）。在果实上的典型症状是形成"鸟眼斑"，病斑中央产生黑色的小斑点并伴有白色的晕圈，较粗糙，直径约为3毫米（图6-36）。但温室番茄果实感病不呈现"鸟眼斑"，通常出现网状或大理石纹理（图6-37），因此，在温室中果实上是否出现"鸟眼斑"并不能作为诊断番茄溃疡病的依据。茎部和叶柄感病会出现褐色的条斑（图6-38），随着病情扩展病斑呈开裂的溃疡状（图6-39），剖开茎部会发现维管组织变色并向上下扩展，后期产生长短不一的空腔，茎略变粗，生出许多不定根，最后茎下陷或开裂，髓部中空（图6-40）。系统感染后的植株首先会表现出萎蔫似缺水，叶片边缘向上卷曲（图6-41），进一步发展，整个番茄病株萎蔫，植株生长缓慢、迅速枯萎死亡。

图6-31　叶缘处病斑

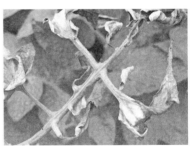

图6-32　叶片干枯似火烧

图6-33　叶片正面病斑凹陷

图6-34　叶片背面病斑凹陷

图 6-35　病情由下向上蔓延

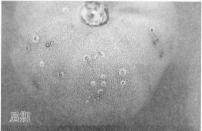

图 6-36　鸟眼斑

图 6-37　网状纹理　　　　　图 6-38　茎部褐色条斑

图6-39　茎部开裂　　　　　　图6-40　髓部中空

图6-41　叶片边缘向上卷曲

【防治方法】番茄细菌性溃疡病传播快、危害大，一旦条件
适宜会造成大规模的暴发流行。目前该病害主要以预防为主，在
发病前期或发病初期做好预防工作对病害的控制会起到较好的
效果。

（1）加强检疫　种子带菌是病害远距离传播的主要途径，要
加强检疫措施，严防带菌种苗进入无病区。

（2）种子处理　选择无病留种田，选择没有番茄溃疡病病史的地区进行育种留苗，并采取严格隔离措施，防止病原菌感染种子。播种前采用温汤浸种，在 38℃热水中浸泡 5 分钟使种子预热，然后在 53～55℃的条件下浸泡 20～25 分钟不断搅拌，要控制好温度，温度过高会影响出芽率。取出种子在 21～24℃下晾干，催芽后播种。也可用 0.01% 的醋酸浸种 24 小时，或选用 0.5% 次氯酸钠溶液浸种 20 分钟。这些方法都能减少种子带菌量。

（3）土壤处理　可在夏天高温季节进行闷棚处理，对大棚中的土壤灌足水后覆盖聚乙烯膜，日晒 4～6 周，能有效降低田间菌量，可使番茄溃疡病的发病率降低；或者是选用威百亩在定植前 1 个月对土壤进行熏蒸处理，也可起到良好的预防效果。

（4）加强田间管理　及时摘除老叶、黄叶、病叶，拔除病株和附近的植株，将病残体集中到一起进行焚烧或深埋，并对病穴和周围的土壤施药，尽快消毒，避免病菌随病残体传播蔓延。早上叶片湿度大、露水多时，不要进行整枝、采摘等农事操作。从发病田块转到健康田块进行劳作时，应提前用 10% 的次氯酸钠对农具进行消毒，或更换新的农具，接触过病株、病果、病残体的手要用肥皂水清洗。收获后对土壤进行翻耕。

（5）合理轮作　与非茄科植物轮作 2 年以上，可有效降低田间病原菌的数量，控制病害的发生。

（6）药剂防治　发病初期使用生物药剂 3% 中生菌素可湿性粉剂 600 倍液对植株整体喷雾，每隔 3 天喷施 1 次，连续 3～4 次可有效预防和控制番茄溃疡病的发生和发展。此外，春雷霉素对番茄溃疡病也有较好的防治效果，2% 春雷霉素水剂 500 倍液，每隔 5～7 天喷洒 1 次，连续使用 3～4 次。常用的化学药剂有 20% 络氨铜水剂 500 倍液、20% 噻菌铜悬浮剂 700 倍液、77% 氢氧化铜可湿性粉剂 800 倍液，每隔 7 天喷施 1 次，连续喷施 2～

3次。田间施药时铜制剂与其他药剂尽量轮换使用。在番茄幼苗感病前喷施 500 微克/毫升 DL－2－氨基丁酸药液可诱导植株对番茄溃疡病产生抗性，可使发病率降低。

8. 番茄细菌性髓部坏死

【症状】该病主要为害番茄茎和分枝，叶片、果实也可被害，被害植株多在青果期表现症状。病程发展比较缓慢，从表现萎蔫至全株枯死约需 20 天。叶片初发病时，植株上、中部叶片失水萎蔫，部分复叶的少数小叶叶尖和叶缘褪绿，初呈暗绿色失水状，渐向小叶内扩展，引起黄枯，发病较晚的植株叶片青枯、无斑点。下部茎多先发病，初时病茎的表面生褐色至黑褐色病斑，髓部发生病变的地方则长出很多不定根（图 6－42 和图 6－43），后在长出不定根的上、下方出现褐色至黑褐色斑块，表皮质硬，长度可达 5～10 厘米。纵剖病茎，可见髓部变为褐色至黑褐色，或出现坏死，髓部病变长度往往要超过茎部外表变褐长度；茎部外表褐变处的髓部先坏死、干缩中空，并逐渐向茎的上、下延伸（图 6－44）。湿度大时，从病茎伤口或叶柄脱落处可溢出黄褐色的菌脓，但病茎髓部的坏死处无腐臭味。分枝、花器、果穗被害症状与茎部相似。番茄果实多从果柄处变褐，终至全果褐腐、果皮质硬，挂于枝上。

图 6－42　茎部病斑

图 6－43　病部长出不定根

图 6-44 髓部干缩中空

【防治方法】

（1）合理轮作 发病地块避免番茄连作，可与非茄科蔬菜轮作 2～3 年。

（2）加强栽培管理 清洁田园，深翻改土，结合深翻改善土壤结构，提高保肥保水性能，促进植株根系健壮发达，以提高抗病能力；避免过量施用氮肥，增施磷、钾肥；加强棚室的科学管理，生长期间夜温不应低于 10℃；经常通风，降低棚室内的空气湿度，防止棚室内低温高湿；避免在阴雨天整枝打杈或带露水操作，雨后及时排除积水；及时除草和拔除病株，带至田外深埋或烧毁。

（3）种子处理 对可能带菌的种子进行消毒，可采用 55℃温水浸种 15 分钟，捞出后用冷水冷却，再催芽播种；或用 0.6％乙酸溶液浸种 24 小时，清水冲洗，稍晾干后催芽播种。定植前 1 周，用 40％福尔马林药液 1 000 倍液泼浇地面，并用薄膜覆盖，封棚杀死病菌。

（4）药剂防治 一旦田间出现中心病株，立即喷药防治。可选用 72％农用链霉素可溶性粉剂 3 000～4 000 倍液，或 85％三氯异氰尿酸可溶性粉剂 1 500 倍液、90％新植霉素可溶性粉剂

4 000 倍液、50%琥胶肥酸铜可湿性粉剂 500 倍液、77%氢氧化
铜可湿性粉剂 500 倍液、14%络氨铜水剂 300 倍液等，每 10 天
用药 1 次，连续防治 2～3 次。若发病较重时，可采用注射法进
行防治，将上述药剂从病部上方注射到植株体内进行治疗，3～5
天注射 1 次，连续 3～4 次。也可用上述药剂灌根，或提高药液
浓度后与白面调成药糊涂抹在轻病株的病斑上，如 85%三氯异
氰尿酸可溶性粉剂 500 倍液、50%琥胶肥酸铜可湿性粉剂 300 倍
液、77%氢氧化铜可湿性粉剂 300 倍液、14%络氨铜水剂 200 倍
液，白面适量，能黏住即可。

9. 番茄细菌性斑点病

【症状】番茄细菌性斑点病能够在番茄苗期至收获期的整个
生长季节造成为害，主要为害番茄叶、茎、花、叶柄和果实。叶
片感染，产生深褐色至黑色不规则斑点，直径 2～4 毫米（图 6-
45），斑点周围有黄色晕圈，严重时后期常穿孔（图 6-46）。茎
秆发病初期先出现小而数量较多的圆形、水渍状、褐色病斑，但
病斑周围无黄色晕圈，病斑易连成斑块，后期严重时可使一段茎
部变黑（图 6-47）。果柄受害症状与茎部相似，黑点密集而小，
常造成落花，后期果柄部变黑。为害花蕾时，在萼片上形成许多
黑点，连片时，萼片干枯。幼嫩果实初期的小斑点稍隆起，近成

图 6-45 叶片上的斑点

图 6-46 叶片后期有穿孔

熟时病斑周围往往仍保持较长时间的绿色，病斑附近果肉略凹陷，中央形成木栓化疮痂，病斑周围黑色，中间色浅并有轻微凹陷（图6-48）。

图6-47　茎部病斑　　　　图6-48　果实上的病斑

【防治方法】

（1）加强检疫　由于该病是一个重要的种传病害，因此要加强种子检疫，防止带菌种子传入非疫区。

（2）选用无病种苗　建立无病留种田，采用无病种苗；在番茄播种前，用55℃的温汤浸种30分钟，捞出移入冷水中冷却后再催芽，或用3%中生菌素可湿性粉剂600～800倍液浸种30分钟，洗净后播种。

（3）适时轮作　与非茄科蔬菜实行3年以上的轮作，以减少初侵染源。

（4）加强田间管理　如保护地番茄发生过此病，在罢园时每亩使用2～3千克硫黄，将秧子连同病株一起熏烟后，再拔除病株，同时做好病残株的处理，切勿随地乱扔；在发病初期，防治前应先清除掉病叶、病茎及病果；灌溉、整枝、打杈、采收等农事操作中要注意，以免将病害传播开来；尽量采用滴灌，防止大水漫灌。

（5）药剂防治　发病初期喷洒37.5%氢氧化铜悬浮剂600～

800 倍液，或 77% 氢氧化铜可湿性粉剂 600～800 倍液，或 84.1% 王铜可湿性粉剂 400～600 倍液等，隔 10 天左右 1 次，防治 1～2 次。也可喷施 3% 中生菌素可湿性粉剂 600～800 倍液，或 2% 春雷霉素液剂 400～500 倍液，10 天喷 1 次，连续喷 3～4 次。

10. 番茄细菌性疮痂病

【症状】该病可发生在幼苗、叶片、叶柄、茎、果实和果柄等部位，尤其在叶片上发生普遍。下部老叶先发病，再向植株上部蔓延，发病初期形成水渍状暗绿色小圆点斑，扩大后病斑呈暗褐色圆形或近圆形，表面粗糙不平，周缘具黄色环形晕圈，具油脂状光泽（图 6-49）。发病中后期病斑变为褐色或黑色，叶片干枯质脆。茎染病后，初期产生暗绿色、水渍状小点，圆形至椭圆形，病斑边缘稍隆起，裂开后呈疮痂状（图 6-50）。主要为害着色前的幼果和青果，初生圆形四周具较窄隆起的白色小点，后中间凹陷呈现黄褐色或黑褐色近圆形粗糙枯死斑（图 6-51）。

图 6-49 叶部症状

【防治方法】

（1）农业防治 实行轮作，与非茄科蔬菜轮作 2～3 年。使用石灰氮对土壤进行消毒，覆盖地膜，同时高温闷棚，杀死土壤中的病原菌。加强发病植株病残体的田间管理，将病株和杂草及时清除到田块外烧毁，而非堆积在田块边，避免雨水和灌溉水冲刷后再次污染。采取高畦栽培、膜下灌水等方法，避免番茄底部叶片与水直接接触，减少雨水和灌溉水飞溅的传播。

图 6-50　茎部症状

图 6-51　果实被害症状

（2）种子消毒　将种子用 55℃ 温水浸泡 30 分钟，或用 1% 次氯酸钠浸种 20～40 分钟，浸种完毕用清水冲洗净药液，稍晾干后再催芽。

（3）药剂防治　番茄细菌性疮痂病传播很快，前期预防工作尤为重要，在发病前和发病初期施药，能有效地预防和控制病害的发生和传播。使用生物农药，如用 72% 农用链霉素可湿性粉剂 4 000 倍液喷雾，隔 7 天喷 1 次，连续喷 2～3 次；也可用 3% 中生菌素可湿性粉剂 600 倍液喷雾，隔 5 天喷 1 次，连续喷 2～3 次。或用化学药剂进行防治，可以用 20% 叶枯唑可湿性粉剂 800 倍液喷雾，隔 7 天喷 1 次，连续喷 2～3 次。

11. 番茄花叶病毒病

【症状】番茄的整个生长期都可被害，侵染越早，受害越重，尤以初花期至坐果期受害最为普遍且严重。番茄花叶病毒病的典型症状为病株叶片呈系统性花叶，叶片浓绿和淡绿相间，浓绿部分稍隆起，呈疱状，使叶面皱缩不平（图 6-52）；病株新长出的叶片变小、细长，甚至扭曲为畸形（图 6-53）；叶脉、叶柄和茎部产生褐色坏死斑点或条斑（图 6-54），果面上也有坏死斑块，果肉变褐。高温时花叶不明显，但茎部和果实坏死较重。

图 6-52　叶部症状

图 6-53　新叶细小、畸形

图 6-54　叶脉、叶柄和茎部产生
坏死斑点或条斑

【防治方法】

（1）选用抗病品种　选用抗病品种是防治番茄花叶病毒病最经济、有效的措施。

（2）种子处理　病株生产出的种子带毒率往往很高，因此，生产用种必须选择健康不带毒的种子，并进行种子消毒处理。可用 10％磷酸三钠溶液浸种 0.5～2 小时，清水冲洗干净后再催芽、播种。

（3）合理轮作　番茄应与茄科作物进行 3 年轮作，有条件地区与水稻进行轮作效果更好。

（4）加强栽培管理　作为中间寄主的杂草，在病毒病的流行中起着重要的作用。在番茄播种或定植前，尽可能地彻底清除棚室内外、田间地头的杂草，可减少毒源。前茬作物及番茄收获后，要彻底清除田间植株残体，并集中晒干烧毁，避免将田间病株残体直接翻耕到土壤中。一旦发现田间病株，应及时连根拔除，带出菜园并销毁。田间整枝打杈、绑蔓、采摘等农事操作时，病、健株要分开进行；操作前最好用 3％磷酸三钠溶液洗手和浸泡工具再经清水洗净，可减少带毒量，尤其是在接触病株后更需注意。

（5）药剂防治　选用 20％盐酸吗啉胍酮可湿性粉剂 500 倍液、1.5％三十烷醇＋硫酸铜＋十二烷基硫酸钠水剂 1 000 倍液、10％混合脂肪酸水乳剂 100 倍液、8％宁南霉素水剂 800 倍液等，在发病初期喷药 1 次，视病情再施药 2～3 次，间隔约 10 天，对病情有一定的延缓作用。

12. 番茄黄花曲叶病毒病

【症状】发病初期，顶部几片叶从叶缘开始褪绿黄化，病叶很小、粗糙、变厚、边缘鲜黄色、上卷成杯状，病株严重矮化，顶端似菜花状，落花严重，结果稀少且畸形，果实着色不均匀，失去商品价值（图 6-55 和图 6-56）。

【防治方法】

（1）选用抗病品种　利用抗病品种是防治番茄黄化曲叶病毒病最经济、有效的措施，在生产上示范与推广的抗病品种有红罗曼 2 号、佳丽 10 号、秋展 47、浙杂 301、苏红 9 号和TY209 等。

图6-55 叶片边缘变黄

图6-56 叶片向上卷成杯状

（2）合理轮作 番茄黄化曲叶病毒的寄主范围相对较窄，生产上可通过与非寄主作物轮作，尤其是与水稻、玉米、小麦等作物轮作，达到控制病害的目的。

（3）防除烟粉虱 烟粉虱是番茄黄化曲叶病毒的唯一自然传播介体，防治烟粉虱，有效控制其种群量，对于防治番茄黄化曲叶病毒病的流行有较大的作用，可通过黄板诱杀烟粉虱，或在烟粉虱发生初期喷药防治，可选用20％啶虫脒乳油2 000倍液，或25％噻虫嗪水分散粒剂2 000～3 000倍液、24％螺虫乙酯悬浮剂4 000～5 000倍液、10％烯啶虫胺可溶性液剂1 500倍液、50％丁醚脲悬浮剂1 500倍液等，并注意轮换使用药剂，以防烟粉虱快速产生抗药性。

（4）药剂防治 20％盐酸吗啉胍乙酸铜可湿性粉剂（病毒A）500倍液，或10％混合脂肪酸水乳剂100倍液等。在发病初期喷药1次，视病情再施药2～3次，对于延缓番茄黄化曲叶病毒病的发生有一定的作用。

13. 番茄根结线虫病

【症状】番茄受到根结线虫为害后，根系发育不良，主根和侧根萎缩、畸形，形成大小不等的瘤状物或结节（图6-57），形如鸡爪状，结节有时串生，使病根肿大粗糙。根结初时为白色，光滑质软，后转黄褐色至黑褐色，表面粗糙甚至龟裂，严重时病根腐烂，使植株枯萎（图6-58）。剖视番茄根部的结节，可见许多白色柠檬形雌虫，有时可见蠕虫形雄虫。根结上通常有稀疏细小新根，之后新根又被感染肿大。

图6-57　根部症状　　　　图6-58　植株枯萎

【防治方法】

（1）选用抗病品种　抗根结线虫番茄品种主要有仙客5号、仙客6号、佳红6号、浙杂301、莱红2号、金鹏8号等。另外，番茄品种与抗性砧木托鲁巴姆茄子嫁接，可大大提高番茄对根结线虫的抗病性。

（2）合理轮作　番茄宜与油菜、葱、蒜、韭菜、芝麻、蓖麻甚至万寿菊等非寄主蔬菜或耐病作物轮作2~4年，可降低土壤虫口密度，特别是与水稻、茭白、荸荠、慈姑、水芹、莲藕和芡实等水生作物轮作，收效非常明显。

（3）加强栽培管理　建立无病苗圃；改良土壤和清洁田园，可通过施用石灰、稻田土、鱼塘泥、腐熟农家肥或土壤改良剂等方法改良土壤，创造对根结线虫不利而对作物有利的土壤环境条件；科学管理水肥。

（4）植物诱虫　种植诱虫植物是大量杀灭土壤中根结线虫的好方法，即在种植茄科蔬菜之前，先种植1~2个月的菠菜、小白菜和小青菜等速生蔬菜，在线虫大量侵染植株后尚未产卵前连根拔除，可以大量地清除土壤中的根结线虫。

（5）高温闷棚　种植前将大棚密闭起来，利用太阳能产生的高温杀灭土壤中的线虫。具体方法是先在棚内撒 3～5 厘米厚的碎稻秸或其他作物秸秆，并均匀洒石灰水，翻耕土壤 30 厘米深后浇水，土面覆盖塑料薄膜（黑色薄膜效果更好），同时封严大棚，高温闷棚 15 天即可。露地蔬菜地也可参照此法进行消毒。此外，露地土壤翻耕后直接在阳光下暴晒也有一定的消毒效果。

（6）药剂防治　每公顷用 0.5％阿维菌素颗粒剂 45 千克，或每公顷用 10％噻唑磷颗粒剂 22.5 千克，可在蔬菜移栽时沟施、穴施或撒施，线虫较重的地块或生育期较长的蔬菜也可在生长期间增施 1 次 0.5％阿维菌素颗粒剂。对棚室内种植的番茄，在种植前约 15 天可用 98％棉隆微粒剂熏蒸土壤，每平方米用药量为 30～45 克。此外，每公顷用 50％石灰氮颗粒剂 75 千克进行土壤消毒。

（二）虫害

1. 温室白粉虱

【分类地位】温室白粉虱〔*Trialeurodes vaporariorum* (Westwood)〕又称温室粉虱，其成虫俗称小白蛾，属半翅目粉虱科蜡粉虱属。温室白粉虱起源于南美的巴西和墨西哥一带。温室白粉虱是多食性害虫，世界已记录的寄主植物达 121 科 898 种（含 39 变种）。

【为害特点】成虫和若虫刺吸为害，被害叶褪绿、变黄、萎蔫，甚至植株死亡。同时分泌露，引发煤污病。亦可传播病毒病。

【形态特征】温室白粉虱属渐变态，若虫分 4 个龄期，四龄末期称为伪蛹。

成虫：1～1.5毫米，淡黄色。翅膜质被白色蜡粉。头部触角7节、较短，各节之间都是由一个小瘤连接。口器刺吸式，复眼肾形，红色。翅脉简单，前翅脉一条，中部多分叉，沿翅外缘有一排小颗粒，停息时双翅在体背合拢呈屋脊状但较平展，翅端半圆状遮住整个腹部（图6-59）。

图6-59　成虫

卵：长0.22～0.24毫米，宽0.06～0.09毫米，长椭圆形，被蜡粉。初产时为淡绿色，微覆蜡粉，从顶部开始向卵柄渐变黑褐色，孵化前紫黑色，具光泽，可透见2个红色眼点。

若虫：老龄若虫椭圆形，边缘较厚，体缘有蜡丝（图6-60）。

伪蛹（四龄若虫末期）：长0.7～0.8毫米，椭圆形，边缘较厚，体似蛋糕状，周缘有发亮的细小蜡丝，体背常有5～8对长短不齐的蜡质丝。伪蛹的特征是粉虱类昆虫分类、定种的最重要形态学依据。

【防治方法】由于温室白粉虱虫口密度大，繁殖速度快，可在温室、露地间迁飞，药剂防治十分困难，也没有十分有效的特效药。但有几种行之有效的生态防治方法。

图6-60　若虫

（1）覆盖防虫网　每年5月至10月，在温室、大棚的通风口覆盖防虫网，阻挡外界白粉虱进入温室，并用药剂杀灭温室内的白粉虱，纱网密度以50目为好，比家庭用的普通窗纱网眼要小（图6-61）。

（2）黄板诱杀　常年悬挂在设施中，可以大大降低虫口密度，再辅助以药剂防治，基本可以消灭白粉虱（图6-62）。

图6-61　覆盖防虫网　　　　图6-62　黄板诱杀

（3）频振式杀虫灯诱杀　种装置以电或太阳能为能源，利用害虫较强的趋光、趋波等特性，将光的波长、波段、频率设定在特定范围内，利用光、波，以及诱到的害虫本身产生的性信息引诱成虫扑灯，灯外配以频振式高压电网触杀，使害虫落入灯下的接虫袋内，达到杀虫目的（图6-63）。

（4）释放天敌　棚室栽培可以放养赤眼蜂（图6-64）及丽蚜小蜂防治粉虱，还可兼防蚜虫等。

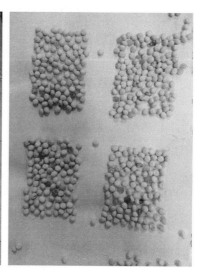

图6-63　振频式杀虫灯　　　　　图6-64　赤眼蜂卵卡

（5）药剂防治　可用2.5%溴氰菊酯乳油2 000～3 000倍液，1.8%阿维菌素乳油2 000～3 000倍液，10%吡虫啉可湿性粉剂4 000～5 000倍液，15%哒螨灵乳油2 500～3 500倍液，20%多灭威乳油2 000～2 500倍液，4.5%高效氯氰菊酯乳油3 000～3 500倍液等药剂喷雾防治。在保护地内选用1%溴氰菊酯烟剂或2.5%杀灭菊酯烟剂，效果也很好。

2. 烟粉虱

【分类地位】烟粉虱［*Bemisia tabaci*（Gennadius）］属半翅

目粉虱科小粉虱属。烟粉虱是一种世界性分布的害虫，除了南极洲外，在其他各大洲均有分布。烟粉虱的寄主植物范围广泛，是一种多食性害虫。

【为害特点】以成虫和若虫群集在叶背为害，可以通过直接吸食植物汁液、还可以通过分泌蜜露及传播植物病毒的方式造成间接危害（图6-65）。烟粉虱分泌的蜜露，可诱发煤污病，影响光合作用。

【形态特征】烟粉虱属渐变态，体发育分成虫、卵、若虫3个阶段，若虫分4个龄期，四龄末期称为伪蛹。

成虫：雌性与雄性个体的体长略有差异，雌虫体长约0.91毫米，雄虫体长约0.85毫米。成虫体色淡黄，翅被白色蜡粉，无斑点。触角7节，复眼黑红色，分上下两部分并有一单眼连接。前翅纵脉2条，前翅脉不分叉；后翅纵脉1条，静止时左右翅合拢呈屋脊状。跗节2爪，中垫狭长如叶片。雌虫尾部尖形，雄虫呈钳状（图6-66）。

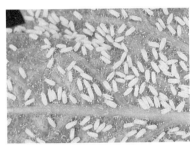

图6-65　烟粉虱群集在叶背为害

图6-66　成虫

卵：椭圆形，约0.2毫米，顶部尖，端部有卵柄，卵柄插入叶表裂缝中，产时为白色或淡黄绿色，随着发育时间的推移颜色逐渐加深，孵化前变为深褐色。

若虫：稍短小，淡绿色至黄色，腹部平，背部微隆起体缘分泌蜡质，帮助其附着在叶片上。

伪蛹：长 0.6～0.9 毫米，体椭圆形，扁平，黄色或橙黄色。

温馨提示

　　烟粉虱和白粉虱成虫形态十分相似，光靠肉眼难以区分，需借助解剖镜从以下特征加以区分：烟粉虱前翅脉不分叉，静止时左右翅合拢呈屋脊状；温室白粉虱前翅脉有分叉，左右翅合拢较平坦（图 6-67）。

图 6-67　成虫对比（左：温室白粉虱　右：烟粉虱）

【防治方法】参照温室白粉虱。

3. 美洲斑潜蝇

　　【分类地位】美洲斑潜蝇（*Liriomyza sativae* Blanchard）是一种为害多种蔬菜和观赏植物的检疫性害虫，属双翅目潜蝇科斑潜蝇属。

　　【为害特点】番茄一生中均可为害，从子叶到各生长期的叶片均可受害，以幼虫潜入叶片，刮食叶肉，在叶片上留下弯弯曲曲的潜道，严重时叶片布满灰白色线状隧道（图 6-68）。

【形态特征】

成虫：灰黑色小苍蝇，体积较小，长 1.5～2.4 毫米，翅长 2 毫米，头部、胸部和小盾片鲜黄色，复眼、单眼三角区为黑色，前胸背板和中胸背板中部亮黑色，足黄色，腹部每节黑黄相间。雌成虫体形略大于雄成虫（图 6-69）。

图 6-68　叶片上的白色隧道

图 6-69　成虫

卵：椭圆形，乳白色，半透明。大小为（0.2～0.3）毫米×（0.10～0.15）毫米。

幼虫：共 3 龄。蛆状，初孵半透明，随虫体长大渐变为黄色至橙黄色。老熟幼虫体长约 2 毫米，后气门突末端 3 分叉，其中两个分叉较长，各具 1 气孔开口。

蛹：鲜黄色至橙黄色，腹面略扁平。

【防治方法】

（1）加强植物检疫　防止传播和扩散虫体严格把好植物检疫关，禁止从疫区调入蔬菜。

（2）黄板诱杀　用斑潜蝇的趋黄性制作黄板诱杀，诱捕成虫减少产卵，降低虫口密度。

（3）栽培管理　与斑潜蝇不嗜好的作物如苦瓜和苋菜等轮作适当稀栽，增加田间透光性；及时清除杂草，摘除病叶深埋或烧毁；深耕灌水，淹死土壤中老熟幼虫及蛹；棚膜密闭，昼夜闷棚

7～10 天，使土壤达到 50℃以上，杀死土壤中的老熟幼虫及蛹。

（4）药剂防治　在幼虫防治阶段，要掌握好在初孵幼虫期用药这一关键，即把斑潜蝇消灭在为害初期。另外，在保护地，于秋季封棚初期和春季开棚前期最好用敌敌畏或顺式氰戊菊酯、高效氟氯氰菊酯等药剂对成虫进行防治，以便阻止其扩散。多数药剂对蛹的防效很差或无效；沙蚕毒素类药剂对斑潜蝇卵的孵化有明显抑制作用，所以，在成虫产卵盛期施用可杀成虫、幼虫及卵，效果很好。常用药剂有：75％灭蝇胺可湿性粉剂 5 000 倍液，或 50％氟啶虫胺腈水分散粒剂 2 000～3 000 倍液、25％噻虫嗪水分散粒剂 1 200 倍液与 2.5％高效氯氟氰菊酯水剂 1 500 倍液混用，或 22.4％螺虫乙酯悬浮剂 1 500 倍液、10％吡虫啉水分散粒剂 1 000 倍液、48％乙基多杀霉素乳油 2 000 倍液喷雾防治。

4. 茄二十八星瓢虫

【分类地位】茄二十八星瓢虫［*Henosepilachna vigintioctopunctata*（Fabricius）］，又称酸浆瓢虫。鞘翅目瓢虫科裂臀瓢虫属。

【为害特点】成虫和幼虫在叶背面剥食叶肉，形成许多独特的平行的半透明的细凹纹，严重时吃得叶片仅留叶脉（图 6 - 70 和图 6 - 71）。被害果实表面有细凹纹，内部组织僵硬且有苦味（图 6 - 72）。

图 6 - 70　成虫为害叶片　　　　图 6 - 71　幼虫为害叶片

【形态特征】

成虫：体长 7～8 毫米，半球形，红褐色，体表密生黄褐色细毛。两鞘翅上各有 14 个黑斑，鞘翅基部 3 个黑斑后方的 4 个黑斑几乎在一条直线上，两翅合缝处黑斑不相连（图 6-73）。

图 6-72　果实被害状

图 6-73　成虫

卵：长 1.4 毫米，纵立，鲜黄色，有纵纹。

幼虫：体长约 9 毫米，淡黄褐色，长椭圆状，背面隆起，各节具黑色枝刺（图 6-74）。

蛹：长约 6 毫米，椭圆形，淡黄色，背面有稀疏细毛及黑色斑纹（图 6-75）。

图 6-74　幼虫

图 6-75　蛹

【防治方法】

（1）人工防治　利用成虫假死习性，用盆承接，拍打植株使之坠落，人工摘除卵块。

（2）药剂防治　幼虫分散前施药，可用 90％敌百虫晶体 1 000 倍液，50％杀虫环可溶性粉剂 1 000 倍液，20％甲氰菊酯乳油 1 200 倍液，10％乙氰菊酯乳油 2 000 倍液，2.5％溴氰菊酯乳油 3 000 倍液，75％硫双威可湿性粉剂 1 000 倍液，或 30％多噻烷乳油 500 倍液，5％顺式氰戊菊酯乳油 1 500 倍液，5.7％氟氯氰菊酯乳油 2 500 倍液等药剂喷雾，隔 7～10 天喷 1 次，共喷 2～3 次。

5. 马铃薯瓢虫

【分类地位】马铃薯瓢虫［*Henosepilachna vigintioctomaculata*（Motschulsky）］又名二十八星瓢虫，属鞘翅目瓢虫科裂臀瓢虫属。

【为害特点】成虫和幼虫取食叶片，残留表皮形成许多平行的食痕，常导致叶片枯焦（图 6-76）。

【形态特征】

成虫：体长约 7 毫米，红褐色，体密被黄灰色细毛；前胸背板前缘凹陷，前缘角突出，中央有一较大的剑状斑纹，两侧各有两个黑色小斑，有时愈合；两鞘翅上各有 14 个黑斑，基部 3 个，其后方的 4 个不在一直线上，两侧各有 2 个黑色小斑（有时合并成 1 个）（图 6-77）。

图 6-76　叶片被害状

图 6-77　成虫

卵：纺锤形，炮弹状，长 13～15 毫米，底部膨大，初产时鲜黄色，后变为黄褐色，有纵纹。通常 20～30 粒排列于叶背，卵粒之间有明显的间隙（图 6-78）。

幼虫：末龄幼虫体长 9～10 毫米，宽约 3 毫米，纺锤形，体黄褐色或黄色，体背各节有黑色枝刺，枝刺基部具淡黑色环状纹。前胸及腹部第八、九节各有枝状突 4 个，其他各节每节具有 6 个，整体形态如苍耳果实（图 6-79）。

图 6-78 卵　　　　　　　　图 6-79 幼虫

蛹：长 6～8 毫米，裸蛹，椭圆形，淡黄色，背面隆起，腹面扁平，体表被有稀疏细毛，羽化前可出现成虫的黑色斑纹，尾端包被着幼虫末次蜕的皮壳（图 6-80）。

图 6-80 蛹

【防治方法】应抓住越冬成虫盛发期和一代幼虫一至二龄聚

集期进行化学防治，才能有效控制虫源，防止其大发生。

（1）合理轮作　实行与非茄科蔬菜或大豆、玉米、小麦等作物轮作倒茬，恶化其生活环境，中断其食物链，达到逐步降低害虫种群数量的目的。

（2）人工捕捉　利用成虫的假死性拍打植株，用脸盆接住并集中杀灭，可减少成虫数量；根据卵块颜色鲜艳、容易发现的特点，结合农事活动，人工摘除卵块，可减少卵块数量，减轻虫害。

（3）清洁田园　马铃薯收获后及时处理残株和田间地头的枯枝、杂草，可以消灭大量残留的瓢虫，降低虫源基数。

（4）生物防治　可使用苏云金芽孢杆菌、白僵菌、绿僵菌等生物制剂。首先选用苏云金芽孢杆菌 7126 防治。7126 菌剂原粉含孢子 100 亿个/克，在马铃薯瓢虫大发生之前喷洒到番茄有露水的植株上，每 667 米^2 用 10 克，防效可达 37.5%～100%。另外，夏季多雨时成虫常被白僵菌寄生，幼虫死亡率很高，可极大程度地减轻为害。捕食性天敌有草蛉、胡蜂、小蜂、蜘蛛等，可减少虫源数量，但利用天敌时应注意农药的合理使用。

（5）灯光诱杀　利用马铃薯瓢虫的趋光性，设置黑光灯诱杀。

（6）药剂防治　加强监测预报。在成虫盛发至幼虫孵化盛期进行化学药剂防治，同时要注意对田间地边其他寄主植物上马铃薯瓢虫的防治，把成虫和幼虫消灭在分散为害前。可采用的药剂有 1.8%阿维菌素乳油 1 000 倍液、2.5%高效氯氟氰菊酯乳油 3 000倍液、40%辛硫磷乳油 1 000 倍液、50%敌敌畏乳油 1 000 倍液等喷雾防治。

6. 侧多食跗线螨

【**分类地位**】侧多食跗线螨［*Polyphagotarsonemus latus*

(Bank)；异名：*Hemitarsonemus latus*〕又名茶跗线螨、茶黄螨、茶黄蜘蛛，属蜱螨目跗线螨科。

【为害特点】以成螨和幼螨刺吸嫩叶、嫩茎、花蕾、幼果等幼嫩部位。嫩叶受害后变小，叶片增厚僵直，背面呈灰褐或黄褐色，具油质光泽或油渍状，叶片边缘向背面卷曲（图6-81）；受害嫩茎表面变褐色，严重的扭曲畸形，植株顶部干枯；受害的花蕾不能开花或开畸形花；果实受害主要发生在雌花脱落后的幼果顶部、果柄、萼片，果皮呈灰白色或黄褐色，果面粗糙，失去光泽，木栓化。严重的果皮龟裂，种子外露，叶呈开花馒头状，味苦而涩，失去食用价值。

图6-81　叶片被害状

【形态特征】

成螨：雌螨阔卵形，长为0.17~0.25毫米，宽为0.11~0.16毫米，淡黄而略透明。后体背中纵列乳白色条斑，产卵前变窄甚至消失；足4对，第二至三对足爪退化，爪垫发达；第四对足纤细，跗末端毛长而明显。雄成螨近菱形，长为0.16~0.19毫米，宽为0.10~0.12毫米，淡黄色，略透明；第三对足特长，第四对足较大，胫跗节细长，末端亦有一鞭状长毛。

卵：椭圆形，长约0.1毫米，卵壳上有纵列白色小圆瘤6行，每行6~8个。

幼螨：初孵幼螨椭圆形，乳白色半透明，足3对。取食后变为淡绿色，后期体呈菱形。

若螨：长椭圆形，体形与成螨接近，背部有云状花斑，有足4对。

【防治方法】

（1）加强田间管理　及时铲除棚室四周及棚室内的杂草，并用杀螨剂处理温室后坡保温材料。收获后及时清理枯枝落叶，集中烧毁，深翻耕地，以压低虫源基数。不施未经充分腐熟的作物秸秆等有机肥，避免人为带入虫源。

（2）释放天敌　胡瓜新小绥螨的雌成螨对侧多食跗线螨卵、幼螨、若螨和雌成螨各虫态均有良好的捕食能力。由于该种捕食螨已实现了商品化生产，在露地茄子栽培中适时释放效果较好，每 10 米^2 释放 600～900 头。注意保护自然天敌，应使用选择性强、对天敌杀害小的药剂，在田间施药时采用局部施药。

（3）药剂防治　首选生物和矿物源农药，如 10％浏阳霉素乳油 500 倍液、1.8％阿维菌素乳油 3 000 倍液、45％硫黄悬浮剂 300 倍液、99％机油乳剂 200～300 倍液。其次选择高效低毒化学农药，如 5％噻螨酮乳油 1 500～2 000 倍液、20％双甲脒乳油 1 000～2 000 倍液、73％炔螨特乳油 2 000 倍液、25％苯丁锡可湿性粉剂 1 000～1 500 倍液、25％三唑锡可湿性粉剂 1 000～1 500倍液。其中，双甲脒对各螨态都有效；炔螨特和苯丁锡防治幼、若螨和成螨效果好，对卵效果较差；噻螨酮防治卵和幼、若螨效果好；三唑锡对若螨、成螨、夏卵有效，对越冬卵无效。喷雾时要重点覆盖植株上部，尤其是嫩叶背面、嫩茎、花器和幼果，避免向成熟果上喷药。

7. 棉铃虫

【分类地位】棉铃虫［*Helicoverpa armigera*（Hübner）］属鳞翅目夜蛾科，是多食性昆虫，我国记载的寄主植物有 30 余科200 多种。

【为害特点】以幼虫蛀食蕾、花、果，也为害嫩茎、叶和芽。幼果常被吃空或引起腐烂而脱落，蛀孔便于雨水、病菌流入引起腐烂（图 6 - 82 至图 6 - 88）。

图6-82 幼虫蛀食果实（1）　　图6-83 幼虫蛀食果实（2）

图6-84 果实被害（1）　　　图6-85 果实被害（2）

图6-86 茎部被害　　　　　图6-87 叶片被害

【形态特征】

成虫：体长约15毫米，翅展27～38毫米，雄虫翅灰绿色，雌虫略带红褐色或棕红色。前翅外缘较直，中横线由肾形斑向内斜伸，末端到达环形斑的正下方；外横线的末端可达肾形斑中部的正下方；亚缘线的锯齿较均匀，到外缘的距离基本一致。后翅灰白色，翅脉褐色，沿外缘有褐色宽带，宽带内有近似新月形灰白色斑（图 6-89）。

图 6-88　果实腐烂

图 6-89　成虫

卵：近半球形，长约 0.5 毫米，初产乳白色或翠绿色，逐渐变黄色，近孵化变为红褐色或紫褐色，顶部黑色（图 6-90）。

图 6-90　卵

幼虫：老熟幼虫体长 30～42 毫米，头部黄色，具不明显的网状斑纹。体色变化很大，由淡绿至淡红至红褐乃至黑紫色。体表满布褐色及灰色小刺，背面有尖塔形小刺，腹面的毛状小刺呈黑褐色至黑色，十分明显（图 6-91）。

蛹：长 17～21 毫米，纺锤形，黄褐色（图 6-92）。

【防治方法】

（1）人工防治　在棉铃虫产卵盛期，结合整枝，摘除虫卵烧毁。幼虫蛀入果内，喷药无效，可用泥封堵蛀孔。

图6-91　幼虫

图6-92　蛹

（2）应用微生物农药　棉铃虫卵始盛期，每667米² 用10亿多角体 PIB/克棉铃虫核型多角体病毒（NPV）可湿性粉剂80～100克对水后喷雾。

（3）药剂防治　在第一穗果长到鸡蛋大时开始用药，可用2.5%功夫乳油5 000倍液，或20%多灭威2 000～2 500倍液，或4.5%高效氯氰菊酯3 000～3 500倍液，5%氟虫脲乳油2 000倍液，5%伏虫隆乳油4 000倍液，5%氟铃脲乳油2 000倍液，20%除虫脲胶悬剂500倍液，50%辛硫磷乳油1 000倍液，20%多灭威2 000～2 500倍液等冬季喷雾。每周1次，连续防治3～4次。

8. 烟青虫

【分类地位】烟青虫（*Heliothis assulta* Guenée）属鳞翅目夜蛾科。

【为害特点】主要通过蛀食为害花蕾、花朵和果实，造成落蕾、落果和烂果，降低坐果率，也为害嫩茎、叶和芽，为害状与棉铃虫相似。

【形态特征】

成虫：体长约 15 毫米，翅展 24～33 毫米，雄蛾灰黄绿色，雌蛾体背及前翅棕黄色，前翅沿外缘有褐色宽带，宽带内侧中部有一与其平行的短黑纹。

卵：扁圆形，高 0.4～0.5 毫米，中部有 23～26 条纵脊，纵脊不分叉，不达底部。纵脊间有横道 13～16 根。

幼虫：老熟时体长 31～41 毫米。体色多变化，有青绿色、黄绿色、黄褐色等色型。前胸气门前 2 毛基部连线的延长线远离气门下缘。体表密生短而粗的小刺，腹面毛状小刺色浅，不甚明显（图 6-93）。

蛹：长 17～21 毫米，纺锤形，黄褐色。腹部第五至七节前缘密生小刻点，末端 2 根小刺的基部接近（图 6-94）。

图 6-93　幼虫　　　　　　图 6-94　蛹

【防治方法】参照棉铃虫。

9. 蚜虫

【分类地位】蚜虫又称腻虫或蜜虫，为害番茄的主要是桃蚜和棉蚜。

【为害特点】蚜虫以成虫或若虫群聚在蔬菜的叶背、嫩叶、幼茎、花苞及近地面叶上。吸取汁液和养分，同时分泌蜜露，影响光合作用，致使叶片卷曲、发黄、嫩叶皱褶畸形，植株生长发育迟缓甚至停滞。此外，蚜虫还能传播病毒（图 6 - 95 和图 6 - 96）。

图 6 - 95　桃蚜为害番茄嫩叶　　图 6 - 96　棉蚜为害
番茄嫩叶

【形态特征】

（1）桃蚜　有翅雌蚜体长 2 毫米。头部胸部黑色，腹部淡暗绿色，复眼赤褐色，背面有明显暗色横纹，腹管绿色很长，末端有明显缢缩；无翅胎生雌蚜，体绿色，腹管绿色，很长，是尾片的 2～3 倍，有 3 对侧毛。卵大多为椭圆形、黑色（图 6 - 97 和图 6 - 98）。

（2）棉蚜　有翅雌蚜体长 1.2～1.9 毫米，黄色至深绿色，头部胸部黑色；无翅雌蚜，体长 1.5～1.9 毫米，体色多变，有黄绿色、黄褐色等。腹管黑色，较短，呈圆筒形。卵大多为椭圆形、黑色（图 6 - 99）。

【防治方法】

（1）加强栽培管理　避免连作；及时清除田间杂草、杂物，

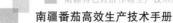

摘除被害叶片并深埋。多用腐熟的农家肥，尽量少用化肥。韭菜挥发的气味有驱避作用，如将其与其他蔬菜搭配种植，可降低蚜虫密度，减轻蚜虫危害。

图 6-97　桃蚜有翅成蚜

图 6-98　桃蚜无翅胎生雌蚜及若蚜

图 6-99　棉蚜

（2）物理防治　可用白色和银灰色膜覆盖栽培；利用蚜虫的趋黄性，使用黄色粘虫板诱杀成虫。用防虫网进行覆盖栽培。

（3）生物防治　利用人工饲养或助迁瓢虫或草蛉，释放到田间，能有效抑制田间蚜虫数量。

（4）药剂防治　选用2.5％敌杀死乳油2 000～4 000倍液或25％天王星乳油3 000倍液、20％氯氰菊酯乳油2 500～3 000倍

液、10％吡虫啉可湿性粉剂 3 000 倍液喷雾。每隔 7 天喷一次，连喷 3～4 次。上述药剂交替使用，避免产生抗药性。保护地也可以用 22％敌敌畏烟剂每 667 米^2 0.5 千克。

附录 1 蔬菜病虫害防治安全用药表

防治对象	药剂名称	剂　型	施用方式	施药浓度	间隔期（天）
猝倒病	霜霉威	72.2％水剂（重量/容量）	苗床浇灌	700 倍液	3（黄瓜）
立枯病	噁霉灵	15％水剂	拌土	1.5～1.8 克/米²	1（黄瓜）
	噁霉灵	30％水剂	苗床喷淋结合灌根	1 500～2 000 倍液	1（黄瓜）
猝倒病和立枯病	甲霜·福美双	38％可湿性粉剂	苗床浇洒	600 倍液	
	甲霜·噁霉灵	30％水剂	灌根	2 000 倍液	
疫病（包括根腐型疫病）	烯酰吗啉	50％可湿性粉剂	植株喷淋结合灌根	1 500 倍液	1（黄瓜）
	霜脲氰	50％可湿性粉剂	植株喷淋结合灌根	2 000 倍液	14
	烯肟菌酯	25％乳油	植株喷淋结合灌根	2 000 倍液	
	霜霉威	72.2％水剂	植株喷淋结合灌根	800 倍液	5（番茄）3（黄瓜）
灰霉病	甲硫·乙霉威	65％可湿性粉剂	喷雾	700 倍液	
	腐霉利	50％可湿性粉剂	喷雾	1 000 倍液	1
	乙烯菌核利	50％干悬浮剂	喷雾	800 倍液	4
	木霉菌	2 亿活孢子/克可湿性粉剂	喷雾	500 倍液	7

（续）

防治对象	药剂名称	剂　型	施用方式	施药浓度	间隔期（天）
白粉病	氟硅唑	40％乳油	喷雾	8 000 倍液	2
	苯醚甲环唑	10％水分散粒剂	喷雾	900～1 500 倍液	7～10
	腈菌唑	12.5％乳油	喷雾	2 500 倍液	
	嘧菌酯	50％水分散粒剂	喷雾	4 000 倍液	1
	吡唑醚菌酯	25％乳油（重量/容量）	喷雾	2 500 倍液	1（黄瓜）
	烯肟菌胺	5％乳油	喷雾	1 000 倍液	
炭疽病	咪鲜胺	50％可湿性粉剂	喷雾	1 500 倍液	10　1（黄瓜）
	百菌清	75％可湿性粉剂	喷雾	500 倍液	7
	嘧菌酯	25％悬浮剂	喷雾	2 000 倍液	3
叶斑病	异菌脲	50％可湿性粉剂	喷雾	600 倍液	7
	苯醚甲环唑	10％水分散粒剂	喷雾	1 000 倍液	7～10
	嘧菌酯	25％悬浮剂	喷雾	2 000 倍液	3
	百菌清	75％可湿性粉剂	喷雾	600 倍液	7
病毒病	宁南霉素	10％可溶性粉剂	喷雾	1 000 倍液	5
	氨基寡糖素	2％水剂	喷雾	300～450 倍液	7～10
	菌毒清	5％水剂	喷雾	250～300 倍液	7
	三氮唑核苷	3％水剂	喷雾	900～1 200 倍液	7～15
辣椒疮痂病	中生菌素	3％可湿性粉剂	喷雾	600 倍液	3

（续）

防治对象	药剂名称	剂　型	施用方式	施药浓度	间隔期（天）
黄瓜霜霉病	烯酰吗啉	50%可湿性粉剂	喷雾	1 500 倍液	1
	霜脲氰	50%可湿性粉剂	喷雾	2 000 倍液	1
	烯肟菌酯	25%乳油	喷雾	2 000 倍液	
	霜霉威	72.2%水剂	喷雾	800 倍液	3
黄瓜黑星病	腈菌唑	12.5%乳油	喷雾	2 500 倍液	
	氟硅唑	40%乳油	喷雾	8 000 倍液	1
	嘧菌酯	25%悬浮剂	喷雾	1 000 倍液	3
黄瓜蔓枯病	百菌清	75%可湿性粉剂	喷雾	600 倍液	1
	嘧菌酯	25%悬浮剂	喷雾	1 000 倍液	3
黄瓜枯萎病	福美双	50%可湿性粉剂	灌根	600 倍液	7
	甲基硫菌灵	70%可湿性粉剂	灌根	600 倍液	1
	春雷霉素	2%可湿性粉剂	灌根	100 倍液	1
黄瓜细菌性角斑病	中生菌素	3%可湿性粉剂	喷雾	600 倍液	3
瓜类细菌性茎软腐病	中生菌素	3%可湿性粉剂	喷雾、喷淋茎	600 倍液	3
茄子黄萎病	福美双	50%可湿性粉剂	灌根	600 倍液	7
	甲基硫菌灵	70%可湿性粉剂	灌根	600 倍液	14
茄子绵疫病	烯酰吗啉	50%可湿性粉剂	喷雾	1 500 倍液	
	霜脲氰	50%可湿性粉剂	喷雾	2 000 倍液	14
	烯肟菌酯	25%乳油	喷雾	2 000 倍液	
	霜霉威	72.2%水剂（重量/容量）	喷雾	800 倍液	5
茄子细菌性软腐病	中生菌素	3%可湿性粉剂	喷雾	600 倍液	3

（续）

防治对象	药剂名称	剂 型	施用方式	施药浓度	间隔期（天）
番茄叶斑病	咪鲜胺	50％可湿性粉剂	喷雾	1 500 倍液	10
番茄叶霉病	腈菌唑	12.5％乳油	喷雾	2 500 倍液	
	氟硅唑	40％乳油	喷雾	8 000 倍液	2
	甲基硫菌灵	70％可湿性粉剂	喷雾	1 500～2 000 倍液	5
	春雷霉素	2％水剂	喷雾	400～500 倍液	1
番茄早疫病	异菌脲	50％可湿性粉剂	喷雾	600 倍液	7
	苯醚甲环唑	10％水分散粒剂	喷雾	1 000 倍液	7～10
	嘧菌酯	25％悬浮剂	喷雾	2 000 倍液	3
番茄，茄子根腐病	烯酰吗啉	50％可湿性粉剂	喷雾	1 500 倍液	
	福美双	50％可湿性粉剂	灌根	600 倍液	7
番茄细菌性溃疡病或髓部坏死	中生菌素	3％可湿性粉剂	喷雾	600 倍液	3
番茄青枯病	中生菌素	3％可湿性粉剂	灌根	600～800 倍液	3
	多粘类芽孢杆菌	0.1亿 cfu/克细粒剂	灌根	300 倍液	
	叶枯唑（艳丽）	20％可湿性粉剂	灌根	1 500～2 000 倍液	
	荧光假单胞杆菌	10亿/毫升水剂	灌根	80～100 倍液	

（续）

防治对象	药剂名称	剂　型	施用方式	施药浓度	间隔期（天）
根结线虫	氰氨化钙	50%颗粒剂	土壤消毒	100千克/亩	
	丁硫克百威	5%颗粒剂	沟施	5～7千克/亩	25
	棉隆（必速灭）	98%颗粒剂	土壤处理	30～40克/米²	
	威百亩	35%水剂	沟施	4～6千克/亩	
	淡紫拟青霉	5亿活孢子/克颗粒剂	沟施或穴施	2.5～3千克/亩	
	噻唑膦	10%颗粒剂	土壤撒施	1.5～2千克/亩	
	硫线磷（克线丹）	5%颗粒剂	拌土撒施	8～10千克/亩	
蚜虫	吡虫啉	10%可湿性粉剂	喷雾	2 000倍液	7　1（黄瓜）
	啶虫脒	3%乳油	喷雾	1 500倍液	7　1（黄瓜）
	抗蚜威	50%可湿性粉剂	喷雾	4 000倍液	7
	顺式氯氰菊酯	5%乳油	喷雾	5 000～8 000倍液	3
	氯噻啉	10%可湿性粉剂	喷雾	4 000～7 000倍液	
	高效氯氟氰菊酯	2.5%可湿性粉剂	喷雾	1 500～2 000倍液	7

（续）

防治对象	药剂名称	剂　型	施用方式	施药浓度	间隔期（天）
白粉虱	吡虫啉	10％可湿性粉剂	喷雾	2 000 倍液	7 1（黄瓜）
	啶虫脒	3％乳油	喷雾	1 500 倍液	7 1（黄瓜）
	丁硫·吡虫啉	20％乳油	喷雾	1 200～2 500 倍液	
	吡丙醚（蚊蝇醚）	10.8％乳油	喷雾	800～1 500 倍液	
	高效氯氟氰菊酯	2.5％乳油	喷雾	2 000 倍液	7
	联苯菊酯	3％水乳剂	喷雾	1 500～2 000 倍液	4
潜叶蝇	灭蝇胺	10％悬浮剂	喷雾	800 倍液	7
	顺式氯氰菊酯	5％乳油	喷雾	5 000～8 000 倍液	3
	灭蝇·杀单	20％可溶性粉剂	喷雾	1 000～1 500 倍液	
蓟马	多杀菌素	2.5％乳油	喷雾	1 000 倍液	1
	吡虫啉	10％可湿性粉剂	喷雾	2 000 倍液	7 1（黄瓜）
	丁硫克百威	20％乳油	喷雾	600～1 000 倍液	15
	丁硫·杀单	5％颗粒剂	撒施	1.8～2.5 千克/亩	
螨	克螨特（炔螨特）	73％乳油	喷雾	2 000 倍液	7

（续）

防治对象	药剂名称	剂　型	施用方式	施药浓度	间隔期（天）
螨	浏阳霉素	10%乳油	喷雾	2 000 倍液	7
	噻螨酮	5%乳油	喷雾	1 500 倍液	30
	哒螨灵	15%乳油	喷雾	2 000～3 000 倍液	10 1（黄瓜）

附录 2 我国禁用和限用农药名录

（一）禁止使用的农药

1. 六六六、滴滴涕、毒杀芬、二溴氯丙烷、杀虫脒、二溴乙烷、除草醚、艾氏剂、狄氏剂、汞制剂、砷类、铅类、敌枯双、氟乙酰胺、甘氟、毒鼠强、氟乙酸钠、毒鼠硅、甲胺磷、甲基对硫磷、对硫磷、久效磷、磷胺、苯线磷、地虫硫磷、甲基硫环磷、磷化钙、磷化镁、磷化锌、硫线磷、蝇毒磷、治螟磷、特丁硫磷、氯磺隆、福美胂、福美甲胂、胺苯磺隆单剂产品、甲磺隆单剂产品、胺苯磺隆复配制剂产品、甲磺隆复配制剂产品、百草枯。

2. 三氯杀螨醇：自 2018 年 10 月 1 日起禁止使用。

（二）限制使用的农药

中文通用名	禁止使用范围
甲拌磷、甲基异柳磷、内吸磷、克百威、涕灭威、灭线磷、硫环磷、氯唑磷	蔬菜、果树、茶树、药用植物
水胺硫磷	柑橘树
灭多威	柑橘树、苹果树、茶树、十字花科蔬菜
硫丹	苹果树、茶树
溴甲烷	草莓、黄瓜

（续）

中文通用名	禁止使用范围
氧乐果	甘蓝、柑橘树
三氯杀螨醇、氰戊菊酯	茶树
杀扑磷	柑橘树
丁酰肼（比久）	花生
氟虫腈	除卫生用、玉米等部分旱田种子包衣剂外的其他用途
溴甲烷、氯化苦	登记使用范围和施用方法变更为土壤熏蒸，撤销除土壤熏蒸外的其他登记
毒死蜱、三唑磷	蔬菜
2，4-滴丁酯	不再受理、批准2，4-滴丁酯（包括原药、母药、单剂、复配制剂，下同）的田间试验和登记申请；不再受理、批准2，4-滴丁酯境内使用的续展登记申请。保留原药生产企业2，4-滴丁酯产品的境外使用登记，原药生产企业可在续展登记时申请将现有登记变更为仅供出口境外使用登记
氟苯虫酰胺	自2018年10月1日起，禁止氟苯虫酰胺在水稻作物上使用
克百威、甲拌磷、甲基异柳磷	自2018年10月1日起，禁止克百威、甲拌磷、甲基异柳磷在甘蔗作物上使用
磷化铝	应当采用内外双层包装。外包装应具有良好密闭性，防水防潮防气体外泄。自2018年10月1日起，禁止销售、使用其他包装的磷化铝产品

按照《农药管理条例》规定，任何农药产品使用都不得超出农药登记批准的使用范围。剧毒、高毒农药不得用于防治卫生害虫，不得用于蔬菜、瓜果、茶叶和药用植物生产。